Netty 实战

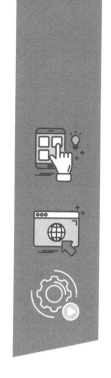

王金柱 著

清华大学出版社

北 京

内 容 简 介

Netty 是一个开源的、基于 NIO 的客户端和服务器端 Java 编程框架。本书涵盖 Netty 开发中绝大多数需要掌握的基本原理、方法与技巧，是一本比较实用的 Netty 参考书，可以作为 Java Web 应用开发人员的技术指导手册。

全书分为 10 章，包括 Netty 基础（从 Java IO 演进）、构建完整的 Netty 应用、Netty 线程模型、Netty 内存管理、Transport（传输）、Channel（通道）、Codec（编解码器）和 Bootstrap（引导）等核心内容的 8 章，还包括基于 WebSocket 构建 Netty 响应服务器和 Netty 消息推送系统这两个项目实战的 2 章。本书对应用 Netty 框架开发网络应用有很好的指导作用。

本书内容简洁明了、通俗易懂、原理清晰、重点突出、实例丰富、代码精练，适合想要学习 Netty 的 Java Web 应用开发人员，同时也非常适合作为高等院校和培训学校计算机及相关专业的辅助教材。

本书封面贴有清华大学出版社防伪标签，无标签者不得销售。
版权所有，侵权必究。举报：010-62782989，beiqinquan@tup.tsinghua.edu.cn。

图书在版编目（CIP）数据

Netty 实战 / 王金柱著.—北京：清华大学出版社，2020.9 (2024.2重印)
ISBN 978-7-302-56340-2

Ⅰ.①N⋯ Ⅱ.①王⋯ Ⅲ.①JAVA 语言－程序设计 Ⅳ.①TP312.8

中国版本图书馆 CIP 数据核字（2020）第 167363 号

责任编辑：夏毓彦
封面设计：王　翔
责任校对：闫秀华
责任印制：丛怀宇

出版发行：清华大学出版社
网　　址：https://www.tup.com.cn，https://www.wqxuetang.com
地　　址：北京清华大学学研大厦 A 座　　邮　编：100084
社 总 机：010-83470000　　邮　购：010-62786544
投稿与读者服务：010-62776969，c-service@tup.tsinghua.edu.cn
质 量 反 馈：010-62772015，zhiliang@tup.tsinghua.edu.cn

印 装 者：三河市君旺印务有限公司
经　　销：全国新华书店
开　　本：180mm×230mm　　印　张：15.25　　字　数：366 千字
版　　次：2020 年 11 月第 1 版　　印　次：2024 年 2 月第 2 次印刷
定　　价：59.00 元

产品编号：085898-01

前　　言

Netty 作为一种 Java 开源网络编程框架,近些年已经得到了业内开发人员的一致认可。究其原因,主要是因为 Netty 在开发高并发、高性能、高可靠性的网络服务器和客户端程序方面的明显优势。于是,学习掌握 Netty 框架开发技术变成了众多开发人员的热切期望。本书是一本原理介绍与编程实践相结合的教材,不仅为读者全面深入地讲解针对 Netty 框架各个方面的技术,还针对目前的技术热点介绍了基于 Netty 框架的两个项目实战。可以讲,本书是一本学习 Netty 框架开发技术的得力助手。

Netty 框架核心知识点

Netty 框架体系比较复杂,与 Java IO 有着密不可分的关系,涉及的知识点非常多,对于大多数刚刚接触 Netty 框架的读者可能会一时无从下手。那么关于 Netty 框架的核心知识点都有哪些内容呢?

- 从Java IO演进到Netty
- Netty线程模型
- Netty内存管理
- Transport（传输）
- Channel（通道）
- Codec（编解码器）
- Bootstrap（引导）
- WebSocket协议和Netty框架

以上所有核心知识点在本书中都有讲解。本书从 Netty 框架的使用原理与应用场景出发,借助对源码的剖析进行全方位的讲解和演示,力求帮助读者理解并掌握关于 Netty 框架原理和开发方面的具体方法和技巧。

本书的内容安排

本书共 10 章,循序渐进地讲解了 Netty 框架开发所需的各项知识点。

第 1 章主要介绍从 Java IO 到 Netty 的技术演进。Netty 是基于 Java IO 开发的、异步的、基于事件驱动的网络应用框架,提供了异步的、事件驱动的网络应用程序框架和工具。Netty 主要用以快速开发高性能、高可靠性的网络服务器和客户端程序。

第 2 章主要介绍如何逐步构建一个完整的 Netty 应用程序。一个完整的 Netty 应用程序包含服务器端和客户端，客户端将信息发送给服务器端进行处理，同时服务器端再将信息经过处理后返回给客户端。

第 3 章主要介绍关于 Netty 线程模型的内容。Netty 线程是基于 Reactor 模型的多路复用方式来实现的，其内部实现了两个线程池：boss 线程池和 worker 线程池，这两个线程池是 Netty 框架的重点内容。

第 4 章主要介绍关于 Netty 内存管理的内容。内存管理是 Netty 框架的核心部分，也是较难掌握的内容之一。Netty 内存管理采用堆外内存分配的方式，从而避免了频繁的垃圾回收（GC）操作，这也正是 Netty 内存管理设计的特殊之处。

第 5 章主要介绍关于 Netty Transport（传输）的内容。Netty 框架对传输功能进行了优化改进，相比使用 Java NIO 更简单。开发人员无须重构整个代码库，这样就可以把更多的精力放在业务逻辑中，极大地提高了开发效率。

第 6 章主要介绍关于 Netty Channel（通道）的内容。Channel 是 Netty 框架的核心部分，是具体负责数据包装进行传输和处理的关键部分。

第 7 章主要介绍关于 Netty Codec（编解码器）的内容。Codec 是 Netty 框架中负责编码和解码的模块，是将数据从一种特定协议格式转换成另一种特定协议格式的关键部分，是 TCP 通信协议的一种解决方案。

第 8 章主要介绍关于 Netty Bootstrap（引导）的内容。Bootstrap 是整个 Netty 框架中负责启动运行的模块，是 Netty 应用程序能够良好运行的基础。

第 9 章是项目实战，主要介绍如何基于 WebSocket 协议逐步搭建一个 Netty 响应服务器应用程序。这个 Netty 响应服务器应用程序的客户端是一个基于 WebSocket 协议的 HTML5 网页，它将信息发送给服务器端，服务器端进行响应处理后再返回给它（客户端）。

第 10 章也是项目实战，主要介绍如何基于 WebSocket 协议的特性构建一个 Netty 消息推送系统应用程序。Netty 消息推送系统应用程序将创建两类客户端，一类是用于测试的 HTML5 网页；另一类是基于 Netty 构建的、用于通过服务器推送消息的客户端。

本书面对的读者

- Java Web 应用程序开发人员
- Netty 框架学习初学者
- 由 Java IO 向 Netty 框架转型的开发人员
- 中小型企业网站开发者
- 高等院校和培训学校的学生

源码下载

本书配套的示例源码可以扫描下面二维码获取。

如果下载有问题,请联系 booksaga@163.com,邮件主题为"Netty 实战"。

本书作者

全书由王金柱完成写作,吴贵文编辑整理。

编者

2020 年 5 月

目 录

第 1 章 从 Java IO 到 Netty 1
1.1 了解 Java 中的 IO 通信 1
    1.1.1 IO 通信基础 1
    1.1.2 "同步/异步"与"阻塞/非阻塞" 2
    1.1.3 传统 BIO 模式 3
    1.1.4 伪异步 IO 模式 4
    1.1.5 NIO 模式 5
    1.1.6 AIO 模式 5
1.2 初识 Netty 5
    1.2.1 Netty 特点 6
    1.2.2 搭建 Netty 开发环境 6
    1.2.3 Netty 开发工具——IntelliJ IDEA 8
1.3 实战：Netty 版的"Hello World"程序 9
    1.3.1 使用 IntelliJ IDEA 创建项目 9
    1.3.2 引入 Netty 包 11
    1.3.3 编写 Netty 应用程序 14
    1.3.4 测试 HelloNetty 服务器端应用 17
1.4 Netty 框架模块介绍 20
    1.4.1 Netty 框架功能模块的组织结构 20
    1.4.2 Netty Bootstrap 入口模块 21
    1.4.3 Netty Channel 传输通道模块 22
    1.4.4 Netty EventLoop 事件循环模块 23
    1.4.5 Netty ChannelFuture 异步通知接口 23
    1.4.6 ChannelHandler 与 ChannelPipeline 接口 24
1.5 小结 25
第 2 章 构建完整的 Netty 应用程序 26
2.1 搭建完整的 Netty 架构 26
    2.1.1 通过 Intellij IDEA 创建 Java 应用程序 26

2.1.2　导入 jar 包文件 27
　　2.1.3　组织源码目录架构 28
2.2　开发 Netty 丢弃应用（DiscardNetty）..........................29
　　2.2.1　创建 Java 源码文件 29
　　2.2.2　服务器端实现 29
　　2.2.3　客户端实现 33
　　2.2.4　测试运行 DiscardNetty 应用 37
2.3　开发 Netty 响应应用（EchoNetty）.............................38
　　2.3.1　创建 Java 源码文件 39
　　2.3.2　服务器端实现 39
　　2.3.3　客户端实现 43
　　2.3.4　测试运行 EchoNetty 应用 47
2.4　小结 49

第 3 章　Netty 线程模型 50

3.1　线程基础 50
　　3.1.1　线程（Thread）..50
　　3.1.2　进程（Process）.......................................51
　　3.1.3　进程与线程的关系 51
3.2　Java 线程池 51
　　3.2.1　什么是线程池（Thread Pool）...........................52
　　3.2.2　线程池模型 52
　　3.2.3　Java 线程池 53
3.3　Reactor 模型 54
　　3.3.1　I/O 多路复用策略 54
　　3.3.2　Reactor 模型和 Proactor 模型 54
　　3.3.3　Reactor 线程模型 55
3.4　Netty 线程模型 61
　　3.4.1　Netty 线程模型与 Reactor 模型的关系 61
　　3.4.2　Netty 单线程模型应用 62
　　3.4.3　Netty 多线程模型应用 63
　　3.4.4　主从 Netty 多线程模型应用 64
　　3.4.5　Netty 线程模型流程 66
3.5　小结 66

第 4 章 Netty 内存管理 ... 67

4.1 内存管理基础 ... 67
4.1.1 什么是内存管理 ... 68
4.1.2 Netty 内存管理方式 ... 68
4.1.3 Buffer 模块 ... 68

4.2 Netty 内存管理核心 ... 69
4.2.1 什么是 ByteBuf ... 69
4.2.2 ByteBuf 及其辅助类 ... 69
4.2.3 ByteBuf 工作原理 ... 71
4.2.4 ByteBuf 动态扩展 ... 73
4.2.5 ByteBuf 使用模式 ... 75
4.2.6 ByteBuf 字节操作 ... 79

4.3 Netty 内存管理辅助类 ... 98
4.3.1 ByteBufAllocator 内存分配 ... 98
4.3.2 Unpooled 负责非池化缓存 ... 99
4.3.3 ByteBufHolder 接口设计 ... 99
4.3.4 ReferenceCounted 引用计数器 ... 101
4.3.5 ByteBufUtil 接口设计 ... 102

4.4 Netty 实现"零拷贝" ... 102

4.5 Netty 内存泄漏检测机制 ... 104

4.6 小结 ... 107

第 5 章 Netty 传输功能 ... 108

5.1 Netty Transport 基础 ... 108

5.2 Netty Transport 传输方式 ... 109
5.2.1 NIO 方式 ... 109
5.2.2 OIO 方式 ... 109
5.2.3 Local 本地方式 ... 110
5.2.4 Embedded 嵌入方式 ... 110

5.3 Netty Transport API ... 110
5.3.1 Channel 接口原理 ... 110
5.3.2 Channel 接口功能 ... 111
5.3.3 Channel 接口应用实例 ... 111

5.4 Netty Transport 协议 ... 113
5.4.1 NIO 传输协议 ... 113

	5.4.2	OIO 传输协议	115
	5.4.3	本地传输协议	116
	5.4.4	内嵌传输协议	116
5.5	小结		116

第 6 章 Netty Channel ... 117

6.1	Channel 基础		117
	6.1.1	什么是 Channel	117
	6.1.2	Stream 与 Channel 对比	118
	6.1.3	Java NIO Channel 介绍	118
6.2	Netty Channel 接口		119
	6.2.1	Channel 接口架构	119
	6.2.2	Channel 接口实现	120
	6.2.3	Channel 接口生命周期	123
6.3	Netty ChannelHandler 接口		124
	6.3.1	ChannelHandler 接口架构	124
	6.3.2	ChannelHandler 接口生命周期	124
	6.3.3	ChannelHandlerAdapter 子接口	125
	6.3.4	ChannelHandler 子接口	127
	6.3.5	ChannelHandler 资源管理与泄漏等级	137
6.4	Netty ChannelPipeline 接口		138
	6.4.1	ChannelPipeline 接口架构	138
	6.4.2	ChannelPipeline 与 ChannelHandler 关系	139
	6.4.3	ChannelPipeline 实现	139
	6.4.4	ChannelPipeline 修改	145
	6.4.5	ChannelHandler 执行 ChannelPipeline 与阻塞	146
	6.4.6	ChannelPipeline 事件传递	147
6.5	Netty ChannelHandlerContext 接口		147
	6.5.1	ChannelHandlerContext 接口基础	147
	6.5.2	ChannelHandlerContext 接口使用	148
6.6	小结		151

第 7 章 Netty 编码与解码 ... 152

7.1	Codec 基础		152
	7.1.1	编码与解码	152
	7.1.2	Codec 的作用	153

	7.1.3 Netty Codec 基础	153
7.2	Netty Encode 编码器	153
7.3	Netty Decode 解码器	156
7.4	Netty Codec 抽象类	162
	7.4.1 Netty Codec 概述	162
	7.4.2 ByteToMessageCodec 类	162
	7.4.3 MessageToMessageCodec 类	163
	7.4.4 CombinedChannelDuplexHandler 类	164
7.5	小结	166

第 8 章 Netty 引导 ... 167

8.1	Bootstrap 基础	167
8.2	Bootstrap 类型	168
8.3	Bootstrap 客户端	172
	8.3.1 Bootstrap 客户端引导原理	173
	8.3.2 Bootstrap 客户端类介绍	178
	8.3.3 Bootstrap 构建 NIO 客户端	179
8.4	Bootstrap 服务器端	180
	8.4.1 ServerBootstrap 服务器端引导原理	180
	8.4.2 ServerBootstrap 服务器端类介绍	182
	8.4.3 ServerBootstrap 构建 NIO 服务器端	183
8.5	从 Channel 引导客户端	184
8.6	服务器端配置两个 EventLoopGroup	187
8.7	小结	189

第 9 章 项目实战：基于 WebSocket 搭建 Netty 服务器 ... 190

9.1	WebSocket 协议	190
	9.1.1 WebSocket 介绍	191
	9.1.2 WebSocket 与 Socket	191
	9.1.3 WebSocket 与 HTTP 和 TCP	191
9.2	构建 Netty 响应服务器应用程序框架	192
	9.2.1 Maven 构建工具配置	192
	9.2.2 IntelliJ IDEA 通过 Maven 构建应用程序	193
	9.2.3 Maven 工程架构目录	195
9.3	基于 WebSocket 的 Netty 响应服务器端开发	196
	9.3.1 服务器端 Server 主入口类	196

	9.3.2 服务器端 Server 子处理器类	198
	9.3.3 服务器端 Handler 辅助类	200
9.4	基于 WebSocket 的 Netty 响应客户端开发	202
9.5	测试运行 Netty 应用程序	204
9.6	小结	207

第 10 章 项目实战：基于 Netty 构建消息推送系统 208

10.1	WebSocket 特点	208
10.2	Netty 消息推送系统应用程序架构	209
10.3	Netty 消息推送系统服务器端开发	210
	10.3.1 服务器端 Server 主入口类	210
	10.3.2 服务器端 Server 子处理器类	213
	10.3.3 服务器端 Handler 辅助类	214
	10.3.4 服务器端 Channel 辅助类	219
10.4	Netty 消息推送系统客户端开发	220
	10.4.1 基于 Netty 构建客户端的实现	220
	10.4.2 基于 WebSocket 的 HTML5 客户端网页	226
10.5	测试运行 Netty 应用程序	228
10.6	小结	231

第 1 章

从 Java IO 到 Netty

Netty 是一个异步的、基于事件驱动的网络应用框架,它提供了异步的、事件驱动的网络应用程序框架和工具。Netty 主要用以快速开发高性能、高可靠性的网络服务器和客户端程序。

本章主要包括以下内容:

- Java IO 通信基本原理
- Netty 基础
- Netty 核心模块内容

1.1 了解 Java 中的 IO 通信

Java 中的 IO 通信在本质上属于网络通信范畴,通俗地讲就是网络之间的数据交互传递。这里需要读者注意的是,IO 通信与传统的 Java 文件读写、Java 标准设备输入输出(java.io 核心库)操作不是一个概念。本节详细介绍有关 Java IO 通信的基础知识。

1.1.1 IO 通信基础

在计算机领域提到 IO 通信,相信大多数读者首先想到的就是 Unix 网络编程及其所定义的 5 种 I/O 模型。同样地,Java IO 通信也源自于 Unix 网络编程所定义的 5 种 I/O 模型。

我们知道，网络通信的本质是网络之间的数据 IO 传递，而在数据传递过程中不可避免地出现"同步/异步"和"阻塞/非阻塞"问题。其实，不仅网络通信会有这个问题，就是本地文件读写也会有同样的问题。那么，什么是"同步/异步"和"阻塞/非阻塞"的概念呢？

1.1.2 "同步/异步"与"阻塞/非阻塞"

本小节详细介绍关于"同步/异步"与"阻塞/非阻塞"这两组概念的异同。

首先，来看一下关于"同步"和"异步"概念的描述。

- 同步就是"请求方"发起一个请求后，"被请求方"在未处理完该请求之前，不向"请求方"返回结果，此时"请求方"肯定也不会接收到"被请求方"的返回结果。
- 异步就是"请求方"发起一个请求后，"被请求方"在得到该请求后，立刻向"请求方"返回相关响应（表示已接收到该请求）。此时，"请求方"已知晓"被请求方"收到了自己发出的请求，但很可能并没有收到返回结果。不过"请求方"并不在意，可以放心继续自己的任务，返回结果会通过事件回调等机制来获取。

由此可见，"异步"相比于"同步"最大的不同就是通过响应而不需要等待返回结果，可以继续自己的任务。

其次，再看一下关于"阻塞"和"非阻塞"概念的描述。

- 阻塞就是"请求方"发起一个请求，然后一直等待"被请求方"返回结果，这期间一直处于"挂起等待"状态，直到返回结果满足条件后才会执行后续任务。
- 非阻塞就是"请求方"发起一个请求，但不用一直等待"被请求方"返回结果，可以先行执行后续任务。

由此可见，"非阻塞"与"阻塞"最大的不同就是不需要一直等待请求返回结果，可以继续执行自己的任务。

此时，读者可能会有些许疑问了，"同步"和"异步"与"阻塞"和"非阻塞"是不是同一个问题的两种描述呢？其实，二者概念还是不同的。

"同步/异步"这组概念主要用于描述"请求-响应"的方式，它们定义到底是"同步"响应方式还是"异步"响应方式。而"阻塞/非阻塞"这组概念主要用于描述返回结果的方式，它们定义到底返回结果是"阻塞"的还是"非阻塞"的。

上述描述看起来比较抽象，我们可以通过一个在快餐店"点餐"的生活情景来形象地解释一下。

第 1 种情形，当你在柜台点好一份快餐（相当于发出请求），然后就是一直"傻傻地"等在柜台前等餐（相当于接收返回结果），这就是所谓的"同步阻塞"。

第 2 种情形，还是你在柜台点好一份快餐（相当于发出请求），然后就近找个座位坐下继续自己的事情,并观望柜台上自己的餐是否已经上了,这就是所谓的"同步非阻塞"。

第3种情形,仍旧是你在柜台点好一份快餐(相当于发出请求),同时柜台会发给你一个点餐提醒设备(柜台服务人员会在快餐准备好后,向该设备发送一条提醒信息),然后你大可放心地、随便找个座位坐下继续自己的事情,等待点餐提醒设备的提醒信息就可以了,这就是所谓的"异步非阻塞"。

显然,上述第3种情形的设计最为合理、效率最高,当然在设计上也会相对复杂一些。Java IO 通信的原理,基本上也是遵循这3种情形进行设计的。

1.1.3 传统 BIO 模式

Java IO 通信模型中比较传统的就是 BIO(Blocking IO)模式,顾名思义就是同步阻塞模式。BIO 模式主要用于早期的 Java 版本,主要特点就是一个请求对应一个应答、弹性伸缩性能比较差。

那么,造成 BIO 模式性能比较差的原因是什么呢?请参看图 1.1 中描述的客户端请求服务器响应的过程。

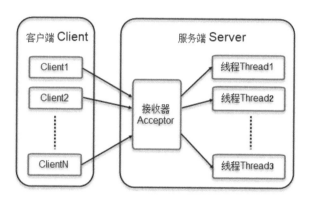

图 1.1 传统 BIO 模式

从图 1.1 中可以看到,传统 BIO 模式下的服务器端包含一个接收器(Acceptor),该接收器负责监听每一个客户端的连接请求,并创建相对应的线程来处理该客户端请求。

而传统 BIO 模式的特点就是,服务器端一旦接收到客户端请求、并通过创建线程来处理该请求,该线程就不会再接收其他的客户端请求了,直到请求处理完成并返回结果(随后销毁该线程)。这就是前文介绍过的,关于"请求-应答"IO 通信中最典型的"同步阻塞"方式。

当然,传统 BIO 模式支持通过多线程来处理多客户端的连接请求。不过,当客户端数量急剧增加时,对应的服务器端线程数量也会按照 1:1 比例同步增加,势必会占用 Java 虚拟机中的大量资源,当量变引起质变的时候就会导致系统性能急剧下降(譬如:内存溢出、系统崩溃,等等)。这个问题自然是开发人员不能接受的,于是就有人想到通过人为降低服务器端的线程数量(当然必须满足客户端数量的需求)来解决这个问题。

1.1.4 伪异步 IO 模式

针对传统 BIO 模式在性能上的瓶颈问题,Java IO 通信模型改进设计了一种伪异步 IO 模式。简单来讲,就是通过在服务器端控制线程的数量来灵活有效地调配系统线程资源。

为什么要采取控制服务器端的线程数量来解决传统 BIO 模式的问题呢?最直接的原因就是对于大型应用系统来讲,客户端的数量是无法限制的(而且限制客户端数量的方式也是不符合用户实际需求的)。既然限制客户端数量是行不通的,我们就要想办法通过在服务器端进行合理的控制来达到目的。于是,基于传统 BIO 模式进行改进的"伪异步 IO 模式"就出现了。

为了更好地向读者解释伪异步 IO 模式,请参看图 1.2 中描述的客户端请求服务器响应的过程。

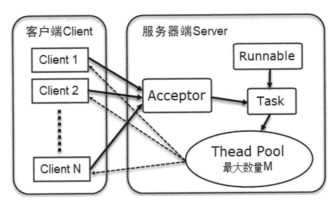

图 1.2 伪异步 IO 模式

从图 1.2 中可以看到,数量为 N 的客户端向服务器端发出连接请求,此时服务器端同样是由接收器(Acceptor)负责监听连接请求,但与传统 BIO 模式(一个请求对应一个线程)不同的是,服务器端是通过一个任务处理模块 Task(主要通过 JDK 的 Runnable 接口来实现)来处理这些客户端连接,Task 负责将这些连接请求放入一个线程池(Thread Pool)来处理,这个线程池维护着一个消息队列和最大数量为 M 的活跃线程组(通常 N 是远大于 M 的)。在该模式下,由于服务器端负责创建和维护的线程数量可控,因此服务器端占用的资源也是可控的,最大程度地避免了因资源耗尽而导致的系统崩溃问题。

伪异步 I/O 通信模式的核心就是引入了线程池的概念,从而尽可能地避免了系统线程资源耗尽的问题。但是,该模式在底层仍旧采用了同步阻塞的 BIO 模型,是无法从根本上解决问题的。

1.1.5 NIO 模式

Java NIO（Java Non-blocking IO）模式是在 JDK 1.4 版本中新引入的一种通信模型。有些人会将"NIO"翻译为"New IO"，这也无可厚非。不过，Java NIO 从本质上是一种"同步非阻塞"的通信模式。

Java NIO 中包括了三大核心组件：通道（Channel）、轮询器（Selector）和 Buffer（缓冲区），是实现"同步非阻塞"模式的关键所在。传统 BIO 模式下的 IO 都是基于流（Stream）实现的，而 NIO 模式下的 IO 是基于通道（Channel）和 Buffer（缓冲区）实现的。简单来讲，NIO 操作都是面向通道和缓冲来实现的，数据总是从通道读取到缓冲区中或者从缓冲区写入到通道中，这是与 BIO 操作最大的不同之处。

那么，NIO 如何实现"同步非阻塞"呢？关键就是轮询器（Selector）的使用。轮询器（Selector）负责监视全部通道 IO 的状态，当其中任意一个或者多个通道具有可用的 IO 操作时，该轮询器（Selector）会通过一个方法返回大于 0 的整数，该整数值就表示具体有多少个通道上具有可用的 IO 操作。服务器正是通过该轮询器（Selector）来完成单事件轮询机制，并实现了多路复用功能。

1.1.6 AIO 模式

Java AIO（Java Asynchronous IO）模式是在 Java 1.7 版本中对 NIO 模式的一种改进，因此也被称为 NIO 2。简单来讲，AIO 就是"异步非阻塞"的 IO 方式。该模式利用了异步 IO 操作所基于的事件机制和回调机制，实现了服务器后台操作的非阻塞功能，即服务器会在操作完成后通知相应线程进行后续工作。

那么，AIO 相比于 NIO 具体有什么改进呢？虽然 NIO 提供了非阻塞方法的实现，但本质上 NIO 的 IO 操作还是同步的（体现在轮询器 Selector 操作上）。具体来讲，就是 NIO 的服务器线程是在 IO 操作准备好时得到通知，接着就由这个线程自行进行 IO 操作，因此本质上是同步操作。

AIO 模式下是没有轮询器（Selector）功能的，而是在服务器端的 IO 操作完成后，再给线程发出通知（通过异步回调事件机制）。因此，AIO 模式是不会阻塞的，回调操作是在等待 IO 操作完成后由系统自动触发的。

1.2 初识 Netty

Netty 是一个高性能的、异步事件驱动的、基于 Java NIO 实现的网络通信框架，是由 JBoss

所提供支持的 Java 开源网络编程框架。

1.2.1 Netty 特点

Netty 对 Java NIO API 进行了高效的封装，提供了对 TCP、UDP 和文件传输的良好支持，尤其适用于互联网中的大数据和分布式的应用开发。Netty 在业内广受好评，主要源于以下特点：

- 高并发：Netty自身具有吞吐量大、延迟时间短、传输速度快和资源消耗低的高并发处理性能。
- 封装好：Netty很好地封装了Java NIO各种细节，尤其是针对阻塞和非阻塞进行了优化，提供了简单易用的API。
- 安全性：Netty提供了完整的SSL/TLS和StartTLS支持。
- 文档丰富：Netty具有详细完整的Javadoc、用户指南及实用案例，便于开发人员学习使用。
- 社区支持：Netty的相关社区活跃度高、版本迭代周期短，新发现的Bug会被及时修复，新功能会被及时更新。

1.2.2 搭建 Netty 开发环境

Netty 开源框架是基于 Apache License v2.0 标准发布的，读者可以在其官方网站（https://netty.io）上找到最新版本的 Netty 开发包（Netty 4.x），以及一些旧版本开发包，如图 1.3 所示。

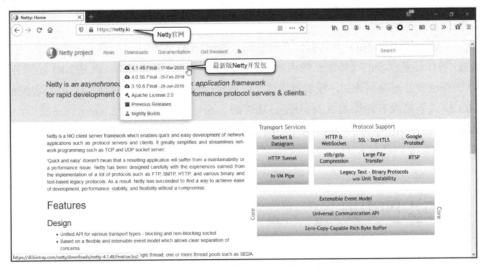

图 1.3　下载 Netty 最新版开发包

从图 1.3 中可以看到，当前最新的 Netty 版本号为"4.1.48.Final - 17-Mar-2020"。当然，读者也可以选择一些旧版本进行下载。

仅仅下载了 Netty 开发包是什么也做不成的，如果打算开发 Netty 应用还需要 JDK 的支持，因为 Netty 就是基于 JDK 所开发的。另外，Netty 对于 JDK 版本没有强依赖关系，一般 Netty 3.x 对应 JDK 1.5 版本，而 Netty 4.x 对应 JDK 1.6+版本即可。不过笔者还是建议使用最新的 JDK 1.8 版本。

关于 JDK 的安装与配置这里就不过多介绍了，相信大多数读者应该有这方面的基础。我们需要先配置好 JDK 开发环境后，才可以继续安装 Netty 开发包。

（1）选择当前最新版的 Netty 开发包文件（名称为 netty-4.1.48.Final.tar.bz2），先直接解压到本地目录，如图 1.4 所示。

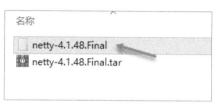

图 1.4　解压 Netty 开发包

（2）如图 1.4 中的箭头所示，继续进入解压后的文件夹（名称为 netty-4.1.48.Final）内找到名称为"jar"的文件夹，如图 1.5 所示。

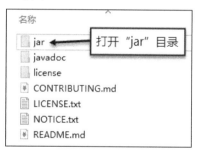

图 1.5　Netty 目录下"jar"文件夹

（3）如图 1.5 中的箭头所示，继续进入解压后的文件夹（名称为 netty-4.1.48.Final）内找到名称为"all-in-one"的文件夹，如图 1.6 所示。

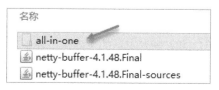

图 1.6　Netty 目录下"all-in-one"文件夹

（4）如图 1.6 中的箭头所示，继续进入"all-in-one"文件夹内找到我们最终需要的 jar 文件（名称为 netty-all-4.1.48.Final.jar），如图 1.7 所示。

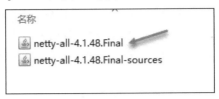

图 1.7　netty-all-4.9.2.Final.jar

（5）如图 1.7 中的箭头所示，netty-all-4.1.48.Final.jar 文件是 Netty 框架开发所需要的核心文件，后面会介绍如何使用该文件。

1.2.3　Netty 开发工具——IntelliJ IDEA

下面介绍 Netty 开发工具的选择。原则上，Netty 属于 Java 应用程序一类，目前开发 Java 应用的平台工具主要就是 IntelliJ IDEA 或 Eclipse。这里，我们以 IntelliJ IDEA 开发工具为例进行介绍，如图 1.8 所示。

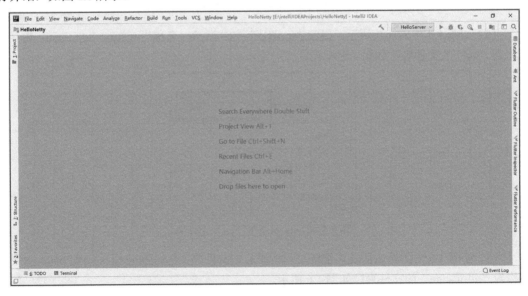

图 1.8　IntelliJ IDEA 开发工具平台

图 1.8 中展示的就是 IntelliJ IDEA 开发工具的主界面。在下一小节中，我们通过一个简单的 Netty 会话应用介绍如何使用 Netty 开发环境。

注意：IntelliJ IDEA 是一款付费软件，但可以免费使用 30 天。

1.3 实战：Netty 版的"Hello World"程序

本节通过 IntelliJ IDEA 开发工具创建一个基本的 Netty 会话应用，实现最简单的"Hello World"功能。

1.3.1 使用 IntelliJ IDEA 创建项目

使用 IntelliJ IDEA 创建项目的具体步骤如下：

步骤 01 通过 IntelliJ IDEA 开发工具创建一个 Java 应用程序，具体操作是在 IntelliJ IDEA 开发界面中选择文件（File）菜单 | 新建工程（New Project）菜单项，单击后会弹出一个标题为"New Project"的选项窗口，如图 1.9 所示。

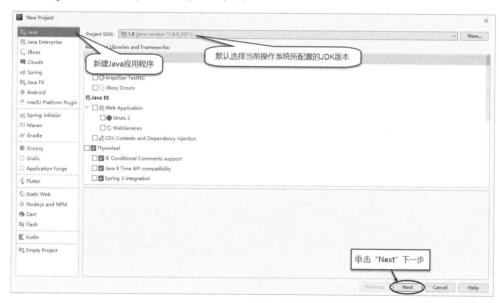

图 1.9 通过 IntelliJ IDEA 创建 Java 应用程序

步骤 02 如图 1.9 中的标识所示，窗口最左侧显示了可以创建的工程类别，我们只需要选中"Java"项，就可以新建 Java 应用程序。另外，还需要甄别一下"Project SDK"列表中，默认选中的是否为当前操作系统所配置的 JDK 版本（如果读者所配置的 JDK 开发环境正确就不会有问题，IntelliJ IDEA 开发工具会自动选择正确的 JDK 版本）。

步骤 03 单击 Next 按钮进行下一步，此时 IntelliJ IDEA 开发工具会弹出一个创建工程模板界面，具体如图 1.10 所示。

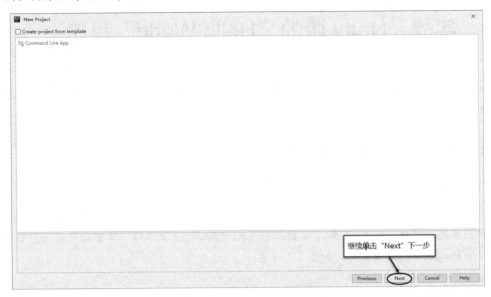

图 1.10　创建 Java 应用程序工程项目模板界面

步骤 04　这一步不进行任何操作，直接继续单击 Next 按钮进行下一步。

步骤 05　此时弹出一个选择工程项目路径及定义工程项目名称 "HelloNetty" 的界面，如图 1.11 所示。

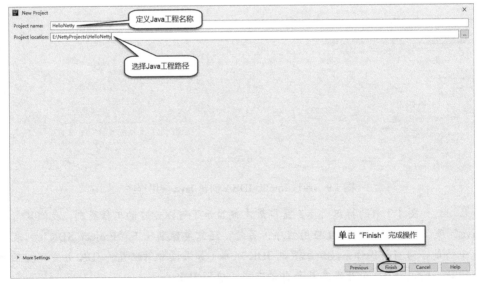

图 1.11　定义 Java 应用程序工程项目路径及名称

步骤 06 选择好 Java 工程项目的路径，并定义好 Java 工程名称，然后单击 Finish 按钮完成操作。

步骤 07 此时，IntelliJ IDEA 开发工具会为我们创建一个空的 Java 工程项目 HelloNetty，具体如图 1.12 所示。

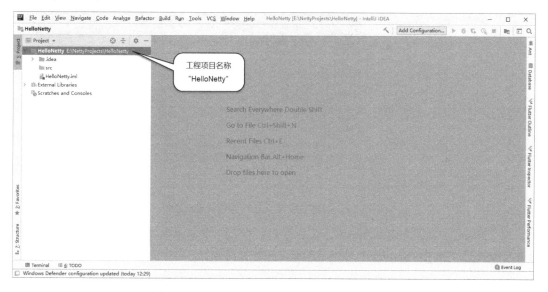

图 1.12　创建空的 Java 工程项目 "HelloNetty"

步骤 08 展开工程项目 HelloNetty 会看到一个 src 目录，后面的 Java 源代码文件就放在其中。

步骤 09 创建好空的 Java 工程项目之后，就可以编写 Netty 程序了。

1.3.2　引入 Netty 包

在正式编写 Netty 程序之前，我们需要先将 Netty 框架的核心 jar 包文件（前文中引用的 netty-all-4.1.48.Final.jar 文件）引入到本 Java 工程项目之中。具体的操作方式如下：

步骤 01 在工程项目的根目录下新建一个名称为 "lib" 的子目录，然后将 "netty-all-4.1.48.Final.jar" 文件引入其中，如图 1.13 所示。

步骤 02 在引入 "netty-all-4.1.48.Final.jar" 文件后，还需要进行一步非常关键的操作，就是将该 jar 文件添加到工程项目的依赖关系之中。

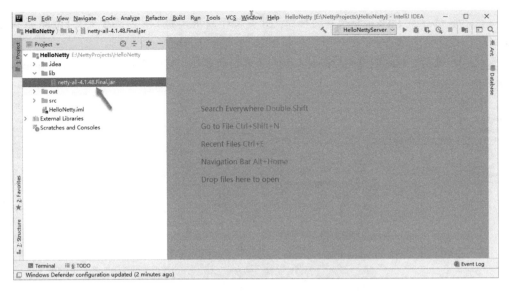

图 1.13　创建子目录"lib"并引入 jar 文件

对于 IntelliJ IDEA 开发工具而言，需要在文件（File）菜单中选择"Project Structure"项，打开工程设置"Project Settings"对话框界面，如图 1.14 所示。

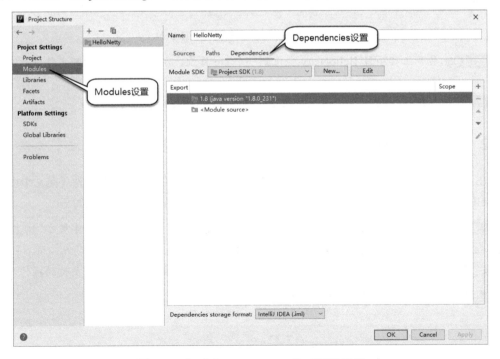

图 1.14　打开"Project Settings"对话框界面

在工程设置"Project Settings"对话框界面中,选中模块"Modules"菜单项,然后再选中依赖关系"Dependencies"选项卡,最后将"netty-all-4.1.48.Final.jar"文件添加到本工程项目的依赖关系中去,具体效果如图 1.15 所示。

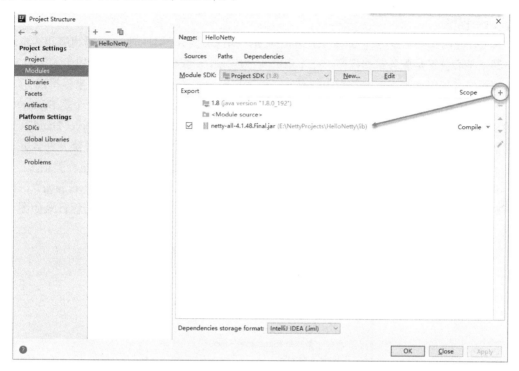

图 1.15　将"netty-all-4.1.48.Final.jar"文件添加到依赖关系中

操作完成后会在依赖关系窗口中看到新添加进去的"netty-all-4.1.48.Final.jar"文件。

步骤 03 单击 OK 按钮关闭该窗口完成操作,此时会看到工程目录的变化,如图 1.16 所示。展开"netty-all-4.1.48.Final.jar"包文件,会看到 Netty 框架开发包的核心目录结构。

图 1.16　"HelloNetty"工程目录变化

1.3.3 编写 Netty 应用程序

我们在成功引入 Netty 框架的核心开发文件"netty-all-4.1.48.Final.jar"后，就可以编写 Netty 应用程序了。

Netty 应用实际上是一种 Java IO 会话应用，因此需要分别编写服务器端程序和客户端程序，其中核心关键是服务器端程序。在本章的实战应用中，我们仅仅编写一个用于入门的 Netty 服务端程序（仅仅接收客户端发来的信息），而客户端通过 Telnet 控制台应用来模拟。

Netty 服务应用模块一般包括两个 Java 文件：一个是 Server 类文件；另一个是 Server 类对应的 Server Handler 类文件。一般地，Server 类文件用于实现接口操作功能，Server Handler 类文件用于实现具体的业务逻辑操作功能。当然，将 Server 类文件与 Server Handler 类文件合并写在一个 Java Class 文件中也是允许的，只不过代码逻辑会有些混乱，可读性自然也会差很多。

在本实战应用中，我们分别创建一个 Server 类文件（名称为 HelloNettyServer.java），以及其所对应的 Server Handler 类文件（名称为 HelloNettyServerHandler.java），工程目录如图 1.17 所示。

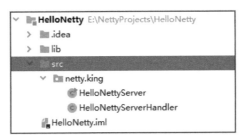

图 1.17 服务器端类文件

在"src"目录下新建了两个 Java 类文件：HelloNettyServer.java 与 HelloNettyServerHandler.java，主要代码如下。

【代码1-1：HelloNettyServer类文件】

（详见源代码 HelloNetty\src\netty\king\HelloNettyServer.java 文件）

```
01  package netty.king;
02
03  import io.netty.bootstrap.ServerBootstrap;
04  import io.netty.channel.ChannelFuture;
05  import io.netty.channel.ChannelInitializer;
06  import io.netty.channel.ChannelOption;
07  import io.netty.channel.EventLoopGroup;
08  import io.netty.channel.nio.NioEventLoopGroup;
```

```java
09  import io.netty.channel.socket.SocketChannel;
10  import io.netty.channel.socket.nio.NioServerSocketChannel;
11
12  public class HelloNettyServer {
13      private int port;
14
15      /**
16       * @param port
17       */
18      public HelloNettyServer(int port) {
19          this.port = port;
20      }
21
22      /**
23       * @throws Exception
24       */
25      public void run() throws Exception{
26          EventLoopGroup boosGroup = new NioEventLoopGroup();
27          EventLoopGroup workerGroup = new NioEventLoopGroup();
28          try {
29              ServerBootstrap b = new ServerBootstrap();
30              b.group(boosGroup,workerGroup)
31              .channel(NioServerSocketChannel.class)
32              .childHandler(new ChannelInitializer<SocketChannel>() {
33                  @Override
34                  protected void initChannel(SocketChannel socketChannel) throws Exception   {
35                      socketChannel.pipeline().addLast(new HelloNettyServerHandler());
36                  }
37              })
38              .option(ChannelOption.SO_BACKLOG,128)
39              .childOption(ChannelOption.SO_KEEPALIVE, true);
40              ChannelFuture f = b.bind(port).sync();
41              f.channel().closeFuture().sync();
42          } finally {
43              workerGroup.shutdownGracefully();
44              boosGroup.shutdownGracefully();
45          }
46      }
```

```
47
48      /**
49       * @param args
50       * @throws Exception
51       */
52      public static void main(String[] args) throws Exception {
53          System.out.println("开始建立Netty服务器...");
54          int port = 8080;
55          if(args.length > 0 ){
56              port = Integer.parseInt(args[0]);
57          }
58          new HelloNettyServer(port).run();
59      }
60  }
```

关于【代码1-1】的说明如下：

- 第03~10行代码中，通过import指令引入了服务器端HelloNettyServer类代码所需要的Netty框架核心模块。
- 第12~60行代码是服务器端HelloNettyServer类的实现过程，主要包括了第18~20行代码所定义的HelloNettyServer类的构造函数、第25~46行代码定义的处理服务器端IO操作的事件循环方法（run），第52~59行代码定义了主入口方法（main）。

【代码1-2：HelloNettyServerHandler类文件】

（详见源代码 HelloNetty\src\netty\king\HelloNettyServerHandler.java 文件）

```
01  package netty.king;
02
03  import io.netty.buffer.ByteBuf;
04  import io.netty.channel.ChannelHandlerContext;
05  import io.netty.channel.ChannelInboundHandlerAdapter;
06  import io.netty.util.ReferenceCountUtil;
07
08  public class HelloNettyServerHandler extends ChannelInboundHandlerAdapter
    {
09      /**
10       * @param ctx
11       * @param msg
12       */
13      public void channelRead(ChannelHandlerContext ctx, Object msg) {
14          ByteBuf in = (ByteBuf) msg;
```

```
15          try {
16              while (in.isReadable()) {
17                  System.out.print((char) in.readByte());
18                  System.out.flush();
19              }
20          } finally {
21              ReferenceCountUtil.release(msg);
22          }
23      }
24
25      /**
26       * @param ctx
27       * @param cause
28       */
29      public void exceptionCaught(ChannelHandlerContext ctx, Throwable cause)
        {
30          cause.printStackTrace();
31          ctx.close();
32      }
33  }
```

关于【代码 1-2】的说明如下：

- 第03~06行代码中，通过import指令引入了服务器端HelloNettyServerHandler类代码所需要的Netty框架核心模块。
- 第08~33行代码是服务器端HelloNettyServerHandler类的实现过程，主要包括了第13~23行代码定义的从IO通道读取客户端的重载方法（channelRead），第29~32行代码定义的异常捕获方法（exceptionCaught）。

以上是关于【代码 1-1】与【代码 1-2】的基本说明，更详细的、有针对性的解释说明将在后续的章节中介绍。

1.3.4 测试 HelloNetty 服务器端应用

下面使用 IntelliJ IDEA 开发工具平台测试运行一下这个简单的 HelloNetty 服务器端应用。

（1）在主菜单中运行（Run）菜单中的"Run"命令运行 HelloNettyServer.java 文件，此时运行窗口中会有相应的信息提示，如图 1.18 所示。

图 1.18 测试运行服务器端程序

运行窗口中输出了【代码 1-1】中第 53 行代码定义的调试信息，证明 HelloNetty 会话应用的服务器端已经正确运行了。

（2）为了进一步测试 HelloNetty 会话应用的功能，使用 Windows 系统自带的 Telnet 服务（模拟客户端）向服务器端发送一些测试信息。

打开 Windows 系统的控制台进入 Telnet 服务，然后通过 open 命令连接到服务器端，如图 1.19 所示。

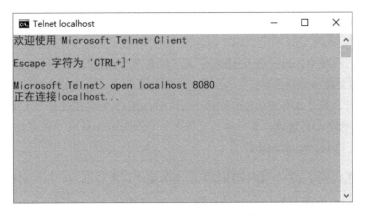

图 1.19 在客户端通过 Telnet 服务连接服务器端

通过 Telnet 服务的 open 命令可以连接到指定的服务器（localhost）地址及其端口号（8080）。其中，地址（localhost）表示本机地址，因为我们是在单机系统上测试的，而端口号（8080）是依据【代码 1-1】中第 54 行代码的定义。

（3）直接按回车键进入命令行模式，向服务器端发送测试信息"Hello Netty!"，如图 1.20 所示。

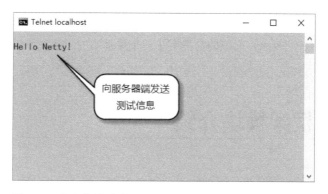

图 1.20　在客户端通过 Telnet 服务向服务器端发送测试信息

（4）返回 IntelliJ IDEA 开发工具中的运行窗口观察是否有变化，如图 1.21 所示。

图 1.21　服务器端接同步收到客户端发来的测试信息

如图 1.21 中的标识所示，同步收到的测试信息与客户端发送的信息完全一致，证明我们的 HelloNetty 会话服务运行良好。

（5）通过在客户端断开与服务器端的连接，或直接停止服务器端程序的运行，来断开服务器端与客户端的会话连接，运行窗口的变化如图 1.22 所示。

图 1.22　断开服务器端与客户端的会话连接

至此，最基本的 Netty 实战应用（HelloNetty）的开发与测试工作就完成了，相信此时读者通过这个实战应用已经对 Netty 框架的功能有了一个最基本的了解。不过现在才刚刚开始，后面会更加精彩。

1.4 Netty 框架模块介绍

Netty 是一个高性能、异步事件驱动的 NIO 通信框架，是基于 JAVA NIO 提供的 API 所实现的。本节介绍 Netty 框架中的主要功能模块，让读者有一个基本认识。

1.4.1 Netty 框架功能模块的组织结构

关于 Netty 框架功能模块的组织结构，请参考由 Netty 官网（netty.io）提供的原理结构图，如图 1.23 所示。

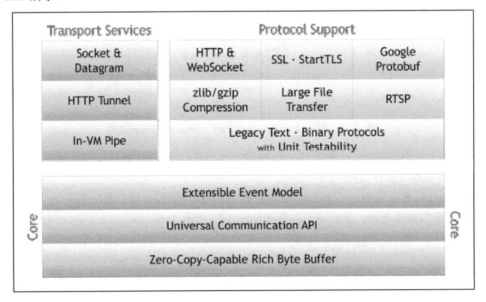

图 1.23　Netty 框架功能模块的组织结构图（引自 netty.io）

Netty 框架主要由三个功能模块组成，分别是核心（Core）功能模块、传输服务（Transport Services）功能模块和协议支持（Protocol Support）功能模块。

其实，这幅关于 Netty 框架功能模块的组织结构图比较抽象，这里大致介绍一下。

- 核心（Core）功能模块：用于核心功能的定义与实现。

- Zero-Copy-Capable Rich Byte Buffer：支持零拷贝的字节缓冲（Rich Byte Buffer表示多字节的缓冲对象），实现了Netty框架版本的Byte Buffer功能（针对JDK的Byte Buffer功能进行了强大的优化）。
- Universal Communication API：通用通信API。
- Extensible Event Model：可扩展的事件模型。
● 传输服务（Transport Services）功能模块：用于具体网络传输的定义与实现。
- In-VM pipe：内部JVM传输管道的实现。
- HTTP Tunnel：HTTP传输协议的实现。
- Socket Datagram：Socket TCP、Socket UDP传输协议的实现。
● 协议支持（Protocol Support）功能模块：相关协议的支持。
- 借助单元测试的传统文本、二进制协议。
- 压缩、大文件传输协议、实时流传输协议。
- Http & WebSocket、SSL、StartTLS、Google Protobuf等协议。

1.4.2 Netty Bootstrap 入口模块

Netty Bootstrap 模块相当于Netty框架的启动器，因此也称为入口模块，主要包括Bootstrap接口和ServerBootstrap接口，如图1.24所示。

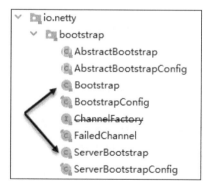

图1.24 Netty框架——Bootstrap入口模块

如图1.24中的箭头所示，在 io.netty.bootstrap 模块中定义了 Bootstrap 接口类和ServerBootstrap接口类。其中，Bootstrap接口主要负责客户端的启动，ServerBootstrap接口主要负责服务端的启动。

Bootstrap接口类和ServerBootstrap接口类在启动过程中，主要功能是创建、初始化和配置核心的 Channel 对象。

1.4.3 Netty Channel 传输通道模块

Channel 传输通道模块是 Netty 框架网络操作的抽象类，主要包括基本的 I/O 操作（例如：bind、connect、read、write 等）。另外，Channel 传输通道模块还包括了 Netty 框架相关的一些功能，比如如何获取该 Channel 模块的事件驱动循环对象（EventLoop，详见后文）。关于 Netty 框架中 Channel 模块的组织结构，如图 1.25 所示。

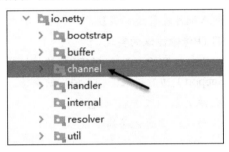

图 1.25　Channel 传输通道模块（一）

Netty 框架设计 Channel 模块的目的，主要是为了解决传统套接字（Socket）网络编程中的烦琐不易之处。相信但凡有过套接字（Socket）网络编程开发经验的读者一定深有感触，使用底层 Socket 开发网络应用的难度大，且成本高，一不小心就会掉入各种陷阱之中耗费精力。

而 Netty 框架设计出的 Channel 模块很好地解决了上述问题，它所提供的一系列 API，极大地降低了直接使用套接字（Socket）进行网络开发的难度。尤其是针对原生 Java NIO 的开发，Netty 框架的 Channel 模块较好地解决了诸多痛点。

例如，像 Channel 接口 API 采用了 Facade 模式进行统一封装，将网络 I/O 操作及其相关的其他操作统一封装起来，很好地为 SocketChannel 接口和 ServerSocketChannel 接口提供了统一的视图，如图 1.26 所示。

Channel 模块是使用了聚合（非包含）的方式来实现的，将相关功能聚合在 Channel 之中进行统一的管理与调度。其中，NioSocketChannel 接口基于 Java NIO 实现了 Netty 框架下的 TCP 协议的 NIO 传输，如图 1.27 所示。

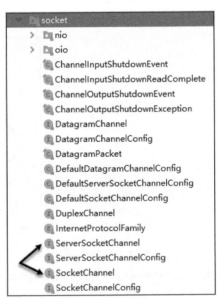

图 1.26　Channel 传输通道模块（二）

图 1.27　Channel 传输通道模块（三）

1.4.4　Netty EventLoop 事件循环模块

　　Netty 框架是基于事件驱动模型的，具体是使用相应的事件来通知状态改变或者操作状态改变。前一小节介绍的 Channel 模块是 Netty 框架网络操作的抽象类，本小节介绍的 EventLoop 模块主要用于 Channel 模块实现 I/O 操作处理，这两个模块配合在一起来参与并完成 I/O 操作。

　　Netty 框架设计的 EventLoop 模块实现了控制流、多线程和并发功能，结合 Channel 模块能够帮助用户实现周期性的任务调度。比如：当一个客户端连接到达时，Netty 就会注册一个 Channel 对象，然后由 EventLoopGroup 接口（可以理解为 EventLoop 接口组合）分配一个 EventLoop 对象绑定到这个 Channel 对象上。此时这个 Channel 对象在整个生命周期中，都是由这个绑定的 EventLoop 对象来提供相应的服务。

　　根据 Netty 官方文档中的解释，对于 Channel、Thread（线程）、EventLoop 和 EventLoopGroup 之间的关系大致总结如下：

- 一个EventLoopGroup对象包含一个或多个EventLoop对象。
- 一个EventLoop对象在其生命周期内只能绑定一个Thread对象。
- 凡是由EventLoop对象处理的I/O事件都由其所绑定的Thread对象来处理。
- 一个Channel对象在其生命周期内只能注册一个EventLoop对象。
- 一个EventLoop对象可能被分配处理多个Channel对象（即EventLoop与Channel是1:n的关系）。
- 一个Channel对象上所有的ChannelHandler事件由其所绑定的EventLoop对象中的I/O线程进行处理。
- 千万不要阻塞Channel对象的I/O线程，这可能会影响该EventLoop对象中所包含的其他Channel对象的事件处理。

1.4.5　Netty ChannelFuture 异步通知接口

　　Netty 框架被设计为异步非阻塞方式，即所有 I/O 操作都为异步的，也就是应用程序不会马上得知客户端发送的请求是否已经被服务器端处理完成了。

因此，Netty 框架设计了一个 ChannelFuture 异步通知接口，通过该接口定义的 addListener() 方法注册一个 ChannelFutureListener 对象，当操作执行成功或者失败时，监听对象就会自动触发并返回结果。

1.4.6　ChannelHandler 与 ChannelPipeline 接口

ChannelHandler 接口是 Netty 框架中的核心部分，是负责管理所有 I/O 数据的应用程序逻辑容器。具体来讲，ChannelHandler 就是用来管理连接请求、数据接收、异常处理和数据转换等功能的接口。

ChannelHandler 接口有两个核心子类：ChannelInboundHandler 和 ChannelOutboundHandler。其中，ChannelInboundHandler 子类负责处理输入数据和输入事件，而 ChannelOutboundHandler 子类负责处理输出数据和输出事件，具体如图 1.28 所示。

图 1.28　Netty 框架——ChannelHandler 接口

ChannelPipeline 接口则为 ChannelHandler 接口提供了一个容器，并定义了用于沿着链传播输入和输出事件流的 API。一个数据或者事件可能会被多个 Handler 处理，在这个过程中，数据或事件流经 ChannelPipeline 接口后交由 ChannelHandler 接口处理，具体如图 1.29 所示。

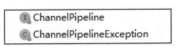

图 1.29　Netty 框架——ChannelPipeline 接口

在这个处理过程中，一个 ChannelHandler 对象接收输入数据并处理完成后交给下一个 ChannelHandler 对象，或者什么都不做直接交给下一个 ChannelHandler 对象进行处理。

当一个数据流进入 ChannlePipeline 时，会从 ChannelPipeline 头部开始传给第一个 ChannelInboundHandler。当第一个处理完后再传给下一个，一直传递到 ChannlePipeline 的尾部。相反地，当一个数据流写出时，其会从管道尾部开始操作，当处理完成后会传递给前一个 ChannelOutboundHandler 对象。

当 ChannelHandler 对象被添加到 ChannelPipeline 对象时，其会被分配一个 ChannelHandlerContext，代表了 ChannelHandler 和 ChannelPipeline 之间的绑定。其中，ChannelHandler 对象被添加到 ChannelPipeline 对象的过程如下：

（1）一个 ChannelInitializer 对象的实现被注册到了 ServerBootStrap 对象上。

（2）当 ChannelInitializer.initChannel 方法被调用时，ChannelInitializer 将在 ChannelPipeline 中安装一组自定义的 ChannelHandler。

（3）ChannelInitializer 将它自己从 ChannelPipeline 中移除。

1.5 小结

本章主要介绍了网络 IO 通信原理、Netty 框架的基础知识及其特点、Netty 框架模块的组织结构等方面的内容，并通过一个简单的 Netty 实战应用，讲解了如何搭建 Netty 开发环境，以及代码调试的方法。

第 2 章

构建完整的 Netty 应用程序

本章将介绍如何逐步构建一个完整的 Netty 应用程序。一个完整的 Netty 应用程序包含服务器端和客户端，客户端将信息发送给服务器端进行处理，同时服务器端再将信息经过处理后返回给客户端。

本章主要包括以下内容：

- 搭建Netty应用程序开发环境
- 编写Discard服务器
- 编写Echo服务器
- 构建与运行源码的方法

2.1 搭建完整的 Netty 架构

第 1 章中的 HelloNetty 应用是不完整的，它仅仅实现了一个 Netty 服务器，而客户端是通过 Telnet 服务模拟实现的。本节介绍如何搭建一个完整的 Netty 应用程序的架构。

2.1.1 通过 Intellij IDEA 创建 Java 应用程序

通过 IntelliJ IDEA 开发工具创建一个空的 Java 应用程序，详细步骤可以参考 1.3 节的相关内容。

应用程序结构如图 2.1 所示。Java 应用程序的项目名称为"DiscardNetty",在项目的根目录下包含有一个名称为"src"的子目录,用于放置 Netty 应用程序的源代码文件。

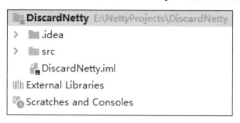

图 2.1　通过 IntelliJ IDEA 创建 Java 应用程序

2.1.2　导入 jar 包文件

通过 IntelliJ IDEA 开发工具导入 Netty 框架的核心 jar 包文件,本书使用的是 Netty-4.1.48 版(包文件:netty-all-4.1.48.Final.jar)。

操作时,需要先在项目根目录下新建一个名称为"lib"的子目录,然后将 jar 包文件引入进去,具体如图 2.2 所示。在"lib"子目录下包含一个名称"netty-all-4.1.48.Final.jar"的 jar 包文件。

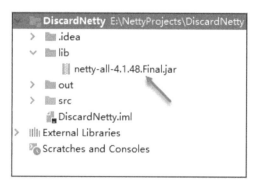

图 2.2　通过 IntelliJ IDEA 引入 jar 包文件

对于 IntelliJ IDEA 开发工具而言,到这一步还没有完成,还需要将 jar 包文件添加进项目的依赖关系中去(可参考 1.3 节的相关内容),如图 2.3 所示。

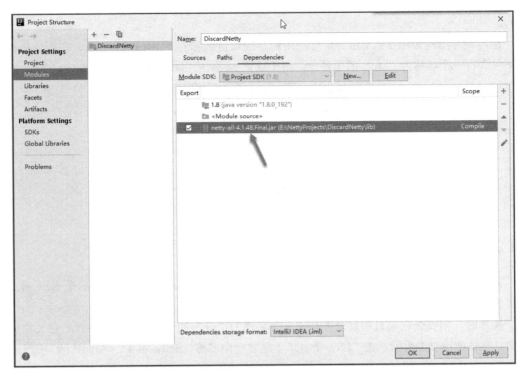

图 2.3 将 jar 包文件添加进项目依赖关系中

2.1.3 组织源码目录架构

组织源码目录的架构，不建议将 Java 源码文件直接放进 "src" 目录中。在 Java 源码目录中，需要定义一个包（package）路径，然后再将服务器端 Java 源码与客户端 Java 源码分开，单独放到各自的子目录中去，具体如图 2.4 所示。将客户端与服务器端各自的源码单独存放并管理，会使得项目组织架构更清晰。

图 2.4 组织源码目录架构

至此，通过 IntelliJ IDEA 开发工具创建一个空的 Java 应用程序的步骤就完成了。然后，就可以在这个空的 Java 应用程序基础上，创建 Netty 应用程序了。

2.2 开发 Netty 丢弃应用（DiscardNetty）

基于 Netty 框架可以构建出很多类功能强大的通信应用，不过我们还是从最基本、最简单的应用开始。可能读者马上会想到，前一章构建的 HelloNetty 应该是最简单的 Netty 应用了，其实还有更简单的 Netty 应用，就是丢弃（Discard）应用。

所谓丢弃（Discard）就是在服务器端直接忽略放弃掉任何从客户端发来的信息，不作任何响应。为了实现丢弃（Discard）协议功能，需在服务器端简单地屏蔽任何接收到的数据信息。

本节介绍如何开发一个丢弃（Discard）Netty 应用。

2.2.1 创建 Java 源码文件

我们需要创建服务器端与客户端的 Java 源码文件，请看图 2.5 所示的 Java 源码目录。直接利用前面构建的 DiscardNetty 应用结构，新建了服务器端 Java 代码文件（DiscardNettyServer 和 DiscardNettyServerHandler）与客户端 Java 代码文件（DiscardNettyClient 和 DiscardNettyClientHandler）。

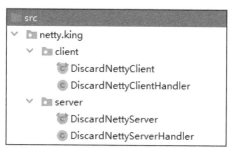

图 2.5　丢弃 Netty 应用（DiscardNetty）目录结构

注意：无论是服务器端 Java 文件或是客户端 Java 文件，都是成对出现的。这是 Netty 框架推荐的源码构建方式，其中源码文件名中包含"handler（处理器）"字段，是专门用来定义处理 I/O 事件的文件，其所对应的源码文件主要用于定义 Netty 框架代码及程序入口。

2.2.2 服务器端实现

实现 Netty 丢弃（Discard）应用的服务器端相对比较简单，大部分是 Netty 框架所必须的代码结构，具体如下：

【代码2-1：DiscardNettyServer类文件】

（详见源代码 DiscardNetty\src\netty\king\server\DiscardNettyServer.java 文件）

```
01  import io.netty.bootstrap.ServerBootstrap;
02  import io.netty.channel.ChannelFuture;
03  import io.netty.channel.ChannelInitializer;
04  import io.netty.channel.ChannelPipeline;
05  import io.netty.channel.EventLoopGroup;
06  import io.netty.channel.nio.NioEventLoopGroup;
07  import io.netty.channel.socket.SocketChannel;
08  import io.netty.channel.socket.nio.NioServerSocketChannel;
09  import io.netty.handler.logging.LogLevel;
10  import io.netty.handler.logging.LoggingHandler;
11  /**
12   * DiscardNettyServer
13   */
14  public final class DiscardNettyServer {
15      // define port
16      static final int PORT = Integer.parseInt(System.getProperty("port", "8686"));
17      /**
18       * main entry
19       * @param args
20       * @throws Exception
21       */
22      public static void main(String[] args) throws Exception {
23          EventLoopGroup bossGroup = new NioEventLoopGroup(1);
24          EventLoopGroup workerGroup = new NioEventLoopGroup();
25          try {
26              ServerBootstrap b = new ServerBootstrap();
27              b.group(bossGroup, workerGroup)
28               .channel(NioServerSocketChannel.class)
29               .handler(new LoggingHandler(LogLevel.INFO))
30               .childHandler(new ChannelInitializer<SocketChannel>() {
31                  @Override
32                  public void initChannel(SocketChannel ch) {
33                      ChannelPipeline p = ch.pipeline();
34                      p.addLast(new DiscardNettyServerHandler());
```

```
35                  }
36              });
37              // Bind and start to accept incoming connections.
38              ChannelFuture f = b.bind(PORT).sync();
39              // Wait until the server socket is closed.
40              // In this example, this does not happen, but you can do that to gracefully
41              // shut down your server.
42              f.channel().closeFuture().sync();
43          } finally {
44              workerGroup.shutdownGracefully();
45              bossGroup.shutdownGracefully();
46          }
47      }
48  }
```

关于【代码 2-1】的说明如下：

- 第 01~10 行代码中，通过 import 指令引入了服务器端 DiscardNettyServer 类代码所需要的 Netty 框架核心模块。
- 第 14~48 行代码定义的是服务器端 DiscardNettyServer 类，主要包括了第 16 行代码定义的服务器端口号（8686），以及第 22~47 行代码定义的用于启动服务器的主入口方法（main）。
- 第 23~24 行代码定义了两个 NioEventLoopGroup 对象，NioEventLoopGroup 用于描述一个处理 I/O 操作的多线程事件循环。本质上，NioEventLoopGroup 对象是一个基于 Reactor 模式的线程池，用于绑定在 ServerBootstrap 对象上。本例程实现了一个服务端应用，因此创建了两个 NioEventLoopGroup 对象（bossGroup 和 workerGroup），第一个对象（bossGroup）用来处理客户端的连接，第二个对象（workerGroup）用来处理连接后的 I/O 读写请求以及系统任务。
- 第 26 行代码定义了一个 ServerBootstrap 对象（b），ServerBootstrap 是一个启动 NIO 服务的辅助类，核心功能就是用于服务器的初始化。
- 第 27~36 行代码通过 ServerBootstrap 对象（b）调用了一个函数链（一组连续被调用的函数），具体包括：
  - 第 27 行代码将创建好的两个 NioEventLoopGroup 对象（bossGroup 和 workerGroup）绑定到 serverBootStrap 上。
  - 第 28 行代码通过调用 channel() 方法，将指定 NioServerSocketChannel 类绑定到服务器端的 Channel 上。
  - 第 30~36 行代码通过调用 childHandler() 方法指定处理程序，ChannelInitializer 是一个特殊的处理类，功能是用于第 32~35 行代码定义的服务器端 Channel 的初始化方法

（initChannel()）。其中，第33行代码创建了一个ChannelPipeline（可以理解为Channel的通道）对象，用于将ChannelHandler（可以理解为通道Channel的业务逻辑处理器）链接起来；第34行代码通过调用ChannelPipeline对象的addLast()方法，用于将通道处理器ChannelHandler（本例程定义的名称为DiscardNettyServerHandler的handler处理器）绑定到ChannelPipeline中。
- 第38行代码定义了一个ChannelFuture对象（f），通过bind()方法绑定端口（8686），并通过sync()方法定义启动方式为同步方式。
- 第42行代码通过ChannelFuture对象（f）关闭了监听的Channel（通道），并设置为同步方式。

【代码2-2：DiscardNettyServerHandler类文件】

（详见源代码 DiscardNetty\src\netty\king\server\DiscardNettyServerHandler.java 文件）

```java
01  import io.netty.buffer.ByteBuf;
02  import io.netty.channel.ChannelHandlerContext;
03  import io.netty.channel.ChannelInboundHandlerAdapter;
04  /**
05   * Handles a server-side channel.
06   */
07  public class DiscardNettyServerHandler extends ChannelInboundHandlerAdapter {
08      /**
09       * @param ctx
10       * @param msg
11       */
12      public void channelRead(ChannelHandlerContext ctx, Object msg) {
13          // 默默丢弃接收到的数据
14          ((ByteBuf) msg).release();
15      }
16      /**
17       * @param ctx
18       * @param cause
19       */
20      public void exceptionCaught(ChannelHandlerContext ctx, Throwable cause) {
21          // 当出现异常关闭连接
22          cause.printStackTrace();
23          ctx.close();
24      }
```

```
25  }
```

关于【代码 2-2】的说明如下：

- 第 01~03 行代码中，通过 import 指令引入了服务器端 DiscardNettyServerHandler 类代码所需要的 Netty 框架核心模块。
- 第 07~25 行代码定义了服务器端 handler 处理器（DiscardNettyServerHandler），DiscardNettyServerHandler 类继承自 ChannelInboundHandlerAdapter 类，这个 ChannelInboundHandlerAdapter 类默认实现了 ChannelInboundHandler 类，使用时仅需覆盖父类中对应的方法即可。
  - 第 12~15 行代码覆盖了父类的 channelRead() 方法，每当从客户端接收到新数据信息时，这个方法会在收到数据信息时被调用。其中，第 14 行代码处理器通过 release() 方法忽略所有接收到的消息。另外，当收到的数据信息是一个 ByteBuf 时（一个引用计数对象），那么这个对象就必须显式地调用 release() 方法来释放。
  - 第 20~24 行代码实现了覆盖的 exceptionCaught() 方法，当捕获到异常时才会调用。

2.2.3 客户端实现

实现 Netty 丢弃（Discard）应用的客户端也比较简单，其中大部分的代码是 Netty 框架所必须的代码结构，具体如下：

【代码2-3：DiscardNettyClient类文件】

（详见源代码 DiscardNetty\src\netty\king\client\DiscardNettyClient.java 文件）

```
01  import io.netty.bootstrap.Bootstrap;
02  import io.netty.channel.ChannelFuture;
03  import io.netty.channel.ChannelInitializer;
04  import io.netty.channel.ChannelPipeline;
05  import io.netty.channel.EventLoopGroup;
06  import io.netty.channel.nio.NioEventLoopGroup;
07  import io.netty.channel.socket.SocketChannel;
08  import io.netty.channel.socket.nio.NioSocketChannel;
09  /**
10   * DiscardNettyClient
11   */
12  public final class DiscardNettyClient {
13      // define HOST PORT SIZE
14      static final String HOST = System.getProperty("host", "127.0.0.1");
15      static final int PORT = Integer.parseInt(System.getProperty("port",
```

```
"8686"));
16      static final int SIZE = Integer.parseInt(System.getProperty("size",
"256"));
17      public static void main(String[] args) throws Exception {
18          EventLoopGroup group = new NioEventLoopGroup();
19          try {
20              Bootstrap b = new Bootstrap();
21              b.group(group)
22              .channel(NioSocketChannel.class)
23              .handler(new ChannelInitializer<SocketChannel>() {
24                  @Override
25                  protected void initChannel(SocketChannel ch) throws Exception {
26                      ChannelPipeline p = ch.pipeline();
27                      p.addLast(new DiscardNettyClientHandler());
28                  }
29              });
30              // Make the connection attempt.
31              ChannelFuture f = b.connect(HOST, PORT).sync();
32              // Wait until the connection is closed.
33              f.channel().closeFuture().sync();
34          } finally {
35              group.shutdownGracefully();
36          }
37      }
38  }
```

关于【代码2-3】的说明如下:

- 第01~08行代码中, 通过import指令引入了客户端DiscardNettyClient类代码所需要的Netty框架核心模块。
- 第14~16行代码定义了请求服务器的地址 (127.0.0.1)、端口号 (8686) 和数据缓存大小 (256字节)。
- 第17~37行代码定义了客户端的主入口方法 (main)。
- 第18行代码定义了一个NioEventLoopGroup对象 (group), 用于描述一个处理I/O操作的多线程事件循环。
- 第20行代码定义了一个ServerBootstrap对象 (b), ServerBootstrap是一个启动NIO服务的辅助类, 用于客户端的初始化。
- 第21~29行代码通过ServerBootstrap对象 (b) 调用了一个函数链 (一组连续被调用的函

数），具体包括：

- 第21行代码将创建好的NioEventLoopGroup对象（group）绑定到serverBootStrap上。
- 第22行代码通过调用channel()方法，将指定NioServerSocketChannel类绑定到客户端的Channel上。
- 第23~29行代码通过调用handler()方法指定处理程序，ChannelInitializer的功能是用于第25~28行代码定义的客户端Channel的初始化方法（initChannel()）。其中，第26行代码创建了一个ChannelPipeline对象，用于将ChannelHandler链接起来；第27行代码通过调用ChannelPipeline对象的addLast()方法，用于将通道处理器ChannelHandler（本例程定义的名称为DiscardNettyClientHandler的handler处理器）绑定到ChannelPipeline中。
- 第31行代码定义了一个ChannelFuture对象（f），通过bind()方法绑定服务器端地址（127.0.0.1）及端口（8686），并通过sync()方法等待服务器关闭。
- 第33行代码通过ChannelFuture对象（f）关闭了Channel直到关闭服务器，并继续向下执行。

【代码2-4：DiscardNettyClientHandler类文件】

（详见源代码 DiscardNetty\src\netty\king\client\DiscardNettyClientHandler.java 文件）

```
01  import io.netty.buffer.ByteBuf;
02  import io.netty.channel.ChannelFuture;
03  import io.netty.channel.ChannelFutureListener;
04  import io.netty.channel.ChannelHandlerContext;
05  import io.netty.channel.SimpleChannelInboundHandler;
06  /**
07   * Handles a client-side channel.
08   */
09  public class DiscardNettyClientHandler extends SimpleChannelInboundHandler<Object> {
10      private ByteBuf content;
11      private ChannelHandlerContext ctx;
12      @Override
13      public void channelActive(ChannelHandlerContext ctx) {
14          System.out.println("Client channel active...");
15          // ctx
16          this.ctx = ctx;
17          // Initialize the message.
18  content=ctx.alloc().directBuffer(DiscardNettyClient.SIZE).
    writeZero(DiscardNettyClient.SIZE);
```

```
19          // Send the initial messages.
20          generateTraffic();
21      }
22      @Override
23      public void channelInactive(ChannelHandlerContext ctx) {
24          content.release();
25      }
26      @Override
27      public void channelRead0(ChannelHandlerContext ctx, Object msg)
          throws Exception {
28          // Server is supposed to send nothing, but if it sends something, discard it.
29      }
30      @Override
31      public void exceptionCaught(ChannelHandlerContext ctx, Throwable cause) {
32          // Close the connection when an exception is raised.
33          cause.printStackTrace();
34          ctx.close();
35      }
36      long counter;
37      private void generateTraffic() {
38          // Flush the outbound buffer to the socket.
39          // Once flushed, generate the same amount of traffic again.
40          ctx.writeAndFlush(content.retainedDuplicate()).
              addListener(trafficGenerator);
41      }
42      private final ChannelFutureListener trafficGenerator = new
ChannelFutureListener() {
43          @Override
44          public void operationComplete(ChannelFuture future) {
45              if (future.isSuccess()) {
46                  generateTraffic();
47              } else {
48                  future.cause().printStackTrace();
49                  future.channel().close();
50              }
51          }
52      };
53  }
```

关于【代码2-4】的说明如下：

- 第01~06行代码中，通过import指令引入了服务器端DiscardNettyClientHandler类代码所需要的Netty框架核心模块。
- 第09~53行代码定义了客户端的业务逻辑handler处理器（DiscardNettyClientHandler），DiscardNettyClientHandler 类 继 承 自 SimpleChannelInboundHandler 类，这 个 SimpleChannelInboundHandler类ChannelInboundHandlerAdapter类略有不同。二者最主要的区别就是SimpleChannelInboundHandler类在接收到数据后会自动释放数据占用的Bytebuffer资源（自动调用Bytebuffer.release()方法），而ChannelInboundHandlerAdapter类需要人工释放资源。另外，SimpleChannelInboundHandler类是继承自ChannelInboundHandlerAdapter类所实现的。
- 第27~29行代码覆盖了SimpleChannelInboundHandler类特有的channelRead0()方法，用于接收服务器端返回的数据信息。而ChannelInboundHandlerAdapter类所对应的是channelRead()方法。

2.2.4 测试运行DiscardNetty应用

使用IntelliJ IDEA开发工具平台测试运行一下这个DiscardNetty应用程序。

（1）在主菜单中通过运行（Run）菜单中的"Run"命令运行DiscardNettyServer.java文件，此时运行窗口中会有相应的信息提示，如图2.6所示。

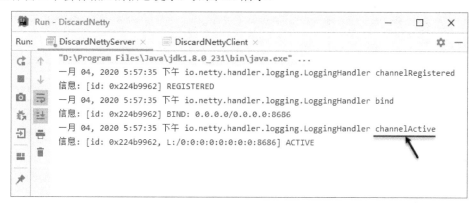

图2.6 测试运行DiscardNetty服务器端程序

运行窗口中输出的调试信息证明DiscardNetty应用的服务器端已经正确运行了。

（2）继续通过IntelliJ IDEA开发工具平台测试运行一下这个丢弃Netty应用（DiscardNetty）。

在主菜单中通过运行（Run）菜单中的"Run"命令运行DiscardNettyClient.java文件，此时运行窗口中会有相应的信息提示，如图 2.7 所示。

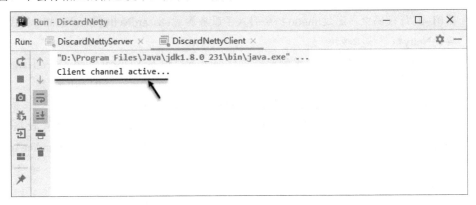

图 2.7　测试运行 DiscardNetty 客户端程序

运行窗口中输出的调试信息证明 DiscardNetty 应用的客户端也已经正确运行了。

（3）此时再返回服务器端的运行窗口查看一下，看看运行输出的调试信息会有什么变化，如图 2.8 所示。运行窗口中输出的调试信息增加了一行"channelReadComplete"，说明 channelRead()方法丢弃了接收到数据信息，然后继续执行 channelReadComplete()方法了。

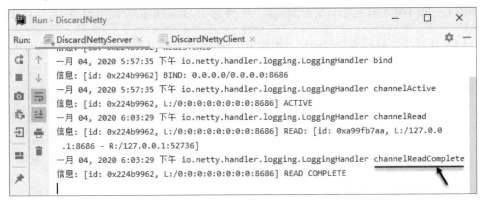

图 2.8　测试运行 DiscardNetty 客户端程序

2.3　开发 Netty 响应应用（EchoNetty）

上一节开发的 Netty 丢弃应用屏蔽了服务器端的业务逻辑，虽然没有实现任何功能，但对于初学者掌握 Netty 应用的基本架构还是十分有用的。本节开发实现一个具有响应功能的 EchoNetty 应用。

2.3.1 创建 Java 源码文件

我们创建服务器端与客户端的 Java 源码文件，请看图 2.9 所示的 Java 源码目录。

图 2.9　响应 Netty 应用（EchoNetty）目录结构

客户端 Java 代码文件包括 EchoNettyClient 和 EchoNettyClientHandler，服务器端 Java 代码文件包括 EchoNettyServer 和 EchoNettyServerHandler。

2.3.2 服务器端实现

实现 Netty 响应（Echo）应用的服务器端由 Server 类和 Handler 类两个 Java 代码文件构成，主要还是基于 Netty 框架的代码结构进行设计，具体如下：

【代码2-5：EchoNettyServer类文件】

（详见源代码 EchoNetty\src\netty\king\server\EchoNettyServer.java 文件）

```
01  package netty.king.server;
02  import io.netty.bootstrap.ServerBootstrap;
03  import io.netty.channel.ChannelFuture;
04  import io.netty.channel.ChannelInitializer;
05  import io.netty.channel.ChannelOption;
06  import io.netty.channel.ChannelPipeline;
07  import io.netty.channel.EventLoopGroup;
08  import io.netty.channel.nio.NioEventLoopGroup;
09  import io.netty.channel.socket.SocketChannel;
10  import io.netty.channel.socket.nio.NioServerSocketChannel;
11  import io.netty.handler.codec.string.StringEncoder;
12  import io.netty.handler.logging.LogLevel;
13  import io.netty.handler.logging.LoggingHandler;
14  import io.netty.handler.ssl.SslContext;
15  import io.netty.handler.ssl.SslContextBuilder;
16  import io.netty.handler.ssl.util.SelfSignedCertificate;
17  import io.netty.handler.codec.string.StringDecoder;
```

```java
18  import io.netty.handler.codec.string.StringEncoder;
19  /**
20   * Echoes back any received data from a client.
21   */
22  public final class EchoNettyServer {
23      static final boolean SSL = System.getProperty("ssl") != null;
24      static final int PORT = Integer.parseInt(
25          System.getProperty("port", "8686"));
26      public static void main(String[] args) throws Exception {
27          // Configure SSL.
28          /*final SslContext sslCtx;
29          if (SSL) {
30              SelfSignedCertificate ssc = new SelfSignedCertificate();
31              sslCtx = SslContextBuilder.forServer(
32                  ssc.certificate(), ssc.privateKey()).build();
33          } else {
34              sslCtx = null;
35          }*/
36          // Configure the server.
37          EventLoopGroup bossGroup = new NioEventLoopGroup(1);
38          EventLoopGroup workerGroup = new NioEventLoopGroup();
39          final EchoNettyServerHandler serverHandler =
40              new EchoNettyServerHandler();
41          try {
42              ServerBootstrap b = new ServerBootstrap();
43              b.group(bossGroup, workerGroup)
44                  .channel(NioServerSocketChannel.class)
45                  .option(ChannelOption.SO_BACKLOG, 100)
46                  .handler(new LoggingHandler(LogLevel.INFO))
47                  .childHandler(new ChannelInitializer<SocketChannel>() {
48                      @Override
49                      public void initChannel(
50                          SocketChannel ch) throws Exception {
51                          ChannelPipeline p = ch.pipeline();
52                          p.addLast(new StringDecoder());
53                          p.addLast(new StringEncoder());
54                          p.addLast(serverHandler);
55                      }
56                  });
57              // Start the server.
```

```
58            ChannelFuture f = b.bind(PORT).sync();
59            // Wait until the server socket is closed.
60            f.channel().closeFuture().sync();
61        } finally {
62            // Shut down all event loops to terminate all threads.
63            bossGroup.shutdownGracefully();
64            workerGroup.shutdownGracefully();
65        }
66    }
67 }
```

关于【代码 2-5】的说明如下：

- 第02~18行代码中，通过import指令引入了服务器端EchoNettyServer类代码所需要的Netty框架核心模块。
- 第22~67行代码定义的是服务器端EchoNettyServer类，主要包括了第24~25行代码定义的服务器端口号（8686），以及第26~66行代码定义的用于启动服务器的主入口方法（main）。
  - 第37~38行代码定义了两个NioEventLoopGroup对象，NioEventLoopGroup用于描述一个处理I/O操作的多线程事件循环，绑定在ServerBootstrap对象上。本例程实现了一个服务端应用，因此创建了两个NioEventLoopGroup对象（bossGroup和workerGroup），第一个对象（bossGroup）用来处理客户端的连接，第二个对象（workerGroup）用来处理连接后的I/O读写请求以及系统任务。
  - 第42行代码定义了一个ServerBootstrap对象（b），ServerBootstrap是一个启动NIO服务的辅助类，核心功能就是用于服务器的初始化。
  - 第43~56行代码通过ServerBootstrap对象（b）调用了一个函数链（一组连续被调用的函数），具体包括：
    ▲ 第43行代码将创建好的两个NioEventLoopGroup对象（bossGroup和workerGroup）绑定到serverBootStrap上。
    ▲ 第44行代码通过调用channel()方法，将指定NioServerSocketChannel类绑定到服务器端的Channel上。
    ▲ 第45行代码通过调用option()方法来定义ChannelOption参数。
    ▲ 第47~56行代码通过调用childHandler()方法指定处理程序，ChannelInitializer是一个特殊的处理类，功能是用于第49~55行代码定义的服务器端Channel的初始化方法（initChannel）。其中，第51行代码创建了一个ChannelPipeline（可以理解为Channel的通道）对象，用于将ChannelHandler（可以理解为通道Channel的业务逻辑处理器）链接起来；第52~54行代码通过连续调用ChannelPipeline对象的

addLast()方法，将编解码器和通道处理器ChannelHandler（本例程定义的名称为EchoNettyServerHandler的handler处理器）绑定到ChannelPipeline中。
- 第58行代定义了一个ChannelFuture对象（f），通过bind()方法绑定端口（8686），并通过sync()方法定义启动方式为同步方式。
- 第60行代码通过ChannelFuture对象（f）关闭了监听的Channel（通道），并设置为同步方式。

【代码2-6：EchoNettyServerHandler类文件】

（详见源代码 EchoNetty\src\netty\king\server\EchoNettyServerHandler.java 文件）

```
01  package netty.king.server;
02  import io.netty.buffer.ByteBuf;
03  import io.netty.buffer.Unpooled;
04  import io.netty.channel.ChannelHandler.Sharable;
05  import io.netty.channel.ChannelHandlerContext;
06  import io.netty.channel.ChannelInboundHandlerAdapter;
07  import io.netty.util.ReferenceCountUtil;
08  import java.nio.charset.Charset;
09  /**
10   * Handler implementation for the echo server.
11   */
12  @Sharable
13  public class EchoNettyServerHandler
14      extends ChannelInboundHandlerAdapter {
15    @Override
16    public void channelActive(
17        ChannelHandlerContext ctx) throws Exception {
18      System.out.println("server channel active... ");
19    }
20    @Override
21    public void channelRead(
22        ChannelHandlerContext ctx, Object msg) throws Exception {
23      System.out.println("server channel read....");
24      String result = "server to client!";
25      ByteBuf buf = Unpooled.buffer();
26      buf.writeBytes(result.getBytes());
27      ctx.channel().writeAndFlush(buf);
28      System.out.println("==========");
29    }
```

```
30      @Override
31      public void channelReadComplete(
32              ChannelHandlerContext ctx) throws Exception {
33          System.out.println("server channel read complete.");
34          ctx.flush();
35      }
36      @Override
37      public void exceptionCaught(
38              ChannelHandlerContext ctx, Throwable cause) {
39          // Close the connection when an exception is raised.
40          cause.printStackTrace();
41          ctx.close();
42      }
43  }
```

关于【代码2-6】的说明如下：

- 第02~08行代码中，通过import指令引入了服务器端EchoNettyServerHandler类代码所需要的Netty框架核心模块。
- 第13~43行代码定义了服务器端handler处理器（EchoNettyServerHandler），EchoNettyServerHandler类继承自ChannelInboundHandlerAdapter类，这个ChannelInboundHandlerAdapter类默认实现了ChannelInboundHandler类，使用时仅需覆盖父类中对应的方法即可。
  - 第16~19行代码覆盖了父类的channelActive()方法，每当Channel（通道）处于活动状态时，这个方法会被调用。
  - 第21~29行代码覆盖了父类的channelRead()方法，每当从客户端接收到新数据信息时，这个方法会在收到数据信息时被调用。
  - 第31~35行代码覆盖了父类的channelReadComplete()方法，每当从客户端接收到新数据信息完毕时，这个方法会被调用。
  - 第37~42行代码实现了覆盖的exceptionCaught()方法，当捕获到异常时才会调用。

2.3.3 客户端实现

实现Netty响应（Echo）应用的客户端比较简单，同样是基于Netty框架的代码结构进行设计，具体如下：

【代码2-7：EchoNettyClient类文件】

（详见源代码 EchoNetty\src\netty\king\client\EchoNettyClient.java 文件）

```
01  package netty.king.client;
02  import io.netty.bootstrap.Bootstrap;
03  import io.netty.buffer.Unpooled;
04  import io.netty.channel.ChannelFuture;
05  import io.netty.channel.ChannelInitializer;
06  import io.netty.channel.ChannelOption;
07  import io.netty.channel.ChannelPipeline;
08  import io.netty.channel.EventLoopGroup;
09  import io.netty.channel.nio.NioEventLoopGroup;
10  import io.netty.channel.socket.SocketChannel;
11  import io.netty.channel.socket.nio.NioSocketChannel;
12  import io.netty.handler.ssl.SslContext;
13  import io.netty.handler.ssl.SslContextBuilder;
14  import io.netty.handler.ssl.util.InsecureTrustManagerFactory;
15  import io.netty.handler.codec.string.StringDecoder;
16  import io.netty.handler.codec.string.StringEncoder;
17  import io.netty.util.CharsetUtil;
18  public final class EchoNettyClient {
19      static final String HOST = System.getProperty("host", "127.0.0.1");
20      static final int PORT = Integer.parseInt(System.getProperty("port", "8686"));
21      static final int SIZE = Integer.parseInt(System.getProperty("size", "256"));
22      public static void main(String[] args) throws Exception {
23          // Configure the client.
24          EventLoopGroup group = new NioEventLoopGroup();
25          try {
26              Bootstrap b = new Bootstrap();
27              b.group(group)
28               .channel(NioSocketChannel.class)
29               .option(ChannelOption.TCP_NODELAY, true)
30               .handler(new ChannelInitializer<SocketChannel>() {
31                  @Override
32                  public void initChannel(SocketChannel ch)
33                      throws Exception {
34                      ChannelPipeline p = ch.pipeline();
```

```
35                    p.addLast(new StringDecoder());
36                    p.addLast(new StringEncoder());
37                    p.addLast(new EchoNettyClientHandler());
38                }
39            });
40            // Start the client.
41            ChannelFuture f = b.connect(HOST, PORT).sync();
42            // 发送数据给服务器
43            String cli_msg = "Hello EchoNetty!";
44            f.channel().writeAndFlush(cli_msg);
45            f.channel().writeAndFlush(
46            Unpooled.copiedBuffer("hello world!", CharsetUtil.UTF_8));
47            // Wait until the connection is closed.
48            f.channel().closeFuture().sync();
49        } finally {
50            // Shut down the event loop to terminate all threads.
51            group.shutdownGracefully();
52        }
53    }
54 }
```

关于【代码2-7】的说明如下：

- 第02~17行代码中，通过import指令引入了客户端EchoNettyClient类代码所需要的Netty框架核心模块。
- 第19~21行代码定义了请求服务器的地址（127.0.0.1）、端口号（8686）和数据缓存大小（256字节）。
- 第22~53行代码定义了客户端的主入口方法（main）。
- 第24行代码定义了一个NioEventLoopGroup对象（group），用于描述一个处理I/O操作的多线程事件循环。
- 第26行代码定义了一个ServerBootstrap对象（b），ServerBootstrap是一个启动NIO服务的辅助类，用于客户端的初始化。
- 第27~39行代码通过ServerBootstrap对象（b）调用了一个函数链（一组连续被调用的函数），具体包括：
  - 第27行代码将创建好的NioEventLoopGroup对象（group）绑定到serverBootStrap上。
  - 第28行代码通过调用channel()方法，将指定NioServerSocketChannel类绑定到客户端的Channel上。
  - 第29行代码通过调用option()方法来定义ChannelOption参数。

- 第30~39行代码通过调用handler()方法指定处理程序，ChannelInitializer的功能用于第32~38行代码定义的客户端Channel的初始化方法（initChannel()）。其中，第34行代码创建了一个ChannelPipeline对象，用于将ChannelHandler链接起来；第35~37行代码通过调用ChannelPipeline对象的addLast()方法，用于将通道处理器ChannelHandler（本例程定义的名称为EchoNettyClientHandler的handler处理器）绑定到ChannelPipeline中。
- 第41行代码定义了一个ChannelFuture对象（f），通过bind()方法绑定服务器端地址（127.0.0.1）及端口（8686），并通过sync()方法等待服务器关闭。
- 第43~46行代码中，通过f对象调用writeAndFlush()方法将数据信息向服务器端写入。
- 第48行代码通过ChannelFuture对象（f）关闭了Channel直到关闭服务器，并继续向下执行。

【代码2-8：EchoNettyClientHandler类文件】

（详见源代码 EchoNetty\src\netty\king\client\EchoNettyClientHandler.java 文件）

```
01  package netty.king.client;
02  import io.netty.buffer.ByteBuf;
03  import io.netty.buffer.Unpooled;
04  import io.netty.channel.ChannelHandlerContext;
05  import io.netty.channel.ChannelInboundHandlerAdapter;
06  public class EchoNettyClientHandler extends ChannelInboundHandlerAdapter {
07      private final ByteBuf firstMessage;
08      /**
09       * Creates a client-side handler.
10       */
11      public EchoNettyClientHandler() {
12          firstMessage = Unpooled.buffer(EchoNettyClient.SIZE);
13          for (int i = 0; i < firstMessage.capacity(); i ++) {
14              firstMessage.writeByte((byte) i);
15          }
16          /*for (int i = 0; i < firstMessage.capacity(); i ++) {
17              firstMessage.writeByte((byte) i);
18          }*/
19      }
20      @Override
21      public void channelActive(ChannelHandlerContext ctx) {
22          ctx.writeAndFlush(firstMessage);
23      }
24      @Override
```

```
25      public void channelRead(ChannelHandlerContext ctx, Object msg) {
26          //ctx.write(msg);
27          System.out.println("服务器端返回的数据:" + msg);
28          /*AttributeKey<String> key = AttributeKey.valueOf("ServerData");
29          ctx.channel().attr(key).set("客户端处理完毕");*/
30          //把客户端的通道关闭
31          ctx.channel().close();
32      }
33      @Override
34      public void channelReadComplete(ChannelHandlerContext ctx) {
35          ctx.flush();
36      }
37      @Override
38      public void exceptionCaught(ChannelHandlerContext ctx, Throwable cause) {
39          // Close the connection when an exception is raised.
40          cause.printStackTrace();
41          ctx.close();
42      }
43  }
```

关于【代码 2-8】的说明如下：

- 第 02~05 行代码中，通过 import 指令引入了客户端 EchoNettyClientHandler 类代码所需要的 Netty 框架核心模块。
- 第 06~43 行代码定义了客户端的业务逻辑 handler 处理器类（EchoNettyClientHandler），EchoNettyClientHandler 类继承自 ChannelInboundHandlerAdapter 类，ChannelInboundHandlerAdapter 类需要人工释放资源。
- 第 25~32 行代码覆盖了 ChannelInboundHandlerAdapter 类的 channelRead() 方法，用于接收服务器端返回的数据信息。

2.3.4 测试运行 EchoNetty 应用

接下来，使用 IntelliJ IDEA 开发工具平台测试运行一下这个 EchoNetty 应用程序。

（1）在主菜单中通过运行（Run）菜单中的"Run"命令运行 EchoNettyServer.java 文件，此时运行窗口中会有相应的信息提示，如图 2.10 所示。

运行窗口中输出的调试信息证明 EchoNetty 应用程序的服务器端已经正确运行了。

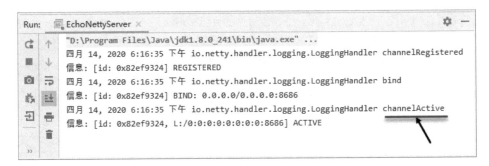

图 2.10　测试运行 EchoNetty 服务器端程序

（2）继续通过 IntelliJ IDEA 开发工具平台测试运行一下这个响应 Netty 应用（EchoNetty）。

在主菜单中通过运行（Run）菜单中的"Run"命令运行 EchoNettyClient.java 文件，此时运行窗口中会有相应的信息提示，如图 2.11 所示。

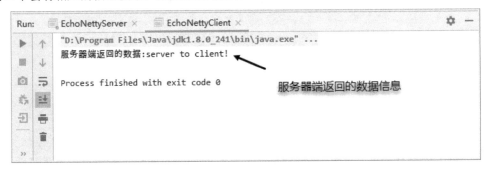

图 2.11　测试运行 EchoNetty 客户端程序

运行窗口中输出的调试信息证明 EchoNetty 应用的客户端也已经正确运行了，并且成功获取了服务器端传回来的数据信息（server to client!）。

（3）此时再返回服务器端的运行窗口查看一下，看看运行输出的调试信息会有什么变化，如图 2.12 所示。

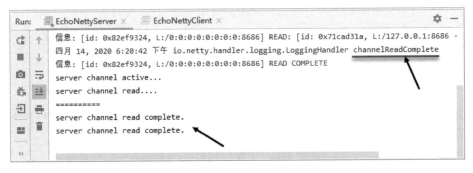

图 2.12　验证 EchoNetty 服务器端程序

运行窗口中输出的调试信息与【代码 2-6】定义的内容完全吻合。

如果想在服务器端接收客户端发来的消息，该如何操作呢？最简单的方法就是将【代码 2-6】中第 22 行代码定义的参数（msg）在服务器端打印输出即可，具体如图 2.13 所示。

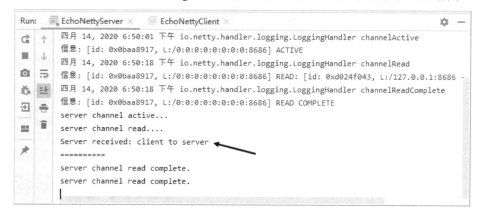

图 2.13　EchoNetty 服务器端接收客户端消息

如图 2.13 中的箭头所示，EchoNetty 服务器端成功接收到了客户端发来的消息（client to server）。

2.4　小结

本章主要介绍了构建一个完整的 Netty 应用程序的方法，内容具体包括开发平台的搭建与使用、一个 DiscardNetty（丢弃）应用程序和一个 EchoNetty（响应）应用程序的开发过程。

第 3 章

Netty 线程模型

Netty 线程模型是基于 Reactor 模型的多路复用方式来实现的，其内部实现了两个线程池：boss 线程池和 worker 线程池。本章重点介绍 Netty 线程模型及其相关知识。

本章主要包括以下内容：

- 线程基础
- Java线程池
- Reactor模式和Proactor模式
- Netty框架中Reactor模型的实现

3.1 线程基础

本章介绍 Netty 线程模型，这是一个包含了很多知识点的概念。首先，我们要搞清楚什么是线程，线程做什么用？

3.1.1 线程（Thread）

线程（Thread）是操作系统能够进行运算调度的最小单位。线程是伴随着操作系统的出现而产生的一个概念，是一个相对抽象的概念。具体来说，线程是包含在进程之中的实际运作单位，线程实际控制着进程的单一执行顺序流程。

现在，这里又出现了一个"进程"的概念，而且讲到"线程"是一定离不开"进程"的。那么，进程是什么，与线程是什么关系呢？

3.1.2 进程（Process）

进程（Process）是操作系统进行资源分配和调度的基本单位。进程同样是伴随操作系统的出现而产生的一个概念，基本可以理解为是在操作系统中切切实实运行着的程序。

但如果简单地将进程的概念等同于程序的概念，这样理解是不准确的。程序是指令、数据及其组织形式的描述，而进程是程序的实体。在早期面向进程设计的计算机系统中，进程确实是程序的基本执行实体；而在现代高级操作系统中，进程不单是程序的执行实体，更是线程的容器。在现代高级操作系统中，单一进程中可以并发多个线程，每个线程并行执行不同的任务。

3.1.3 进程与线程的关系

进程（Process）是操作系统进行资源分配和调度的基本单位，而线程（Thread）是操作系统能够进行运算调度的最小单位。

操作系统能同时运行多个进程（程序），在同一个进程中可能有多个线程同时通过 CPU 的调度来执行。如何理解呢？如果一个进程内有多个线程同时被执行，那么执行过程不是一条线的，而是多条线（线程）并行被执行的。

操作系统在运行时会为每个进程分配物理上的内存资源，但不会单独为线程分配资源，各个线程是通过共享同一进程的内存资源而存在的。因此，操作系统在切换进程时会带来较大的系统开销（内存资源），但线程之间切换的开销却很小（共享同一进程的资源）。另外，虽然各个线程共享同一进程的内存资源，但每个线程都基本是相互独立的（独立拥有各自的运行栈、寄存器和计数器等）。

3.2 Java 线程池

了解 Java 线程池是学习 Netty 线程模型的基础之一，本节主要介绍一下关于 Java 线程池的知识。

3.2.1 什么是线程池（Thread Pool）

线程池（Thread Pool）是一种多线程的管理模式，是实现并发框架的基础。正如前文中提到的，在单一进程中是可以存在多个线程的，因此管理多个线程就是一项很重要的工作，这也正是线程池存在的原因。

线程池中的线程一般都是后台线程，每个线程都使用默认的堆栈大小，以默认的优先级运行，并且线程池会设定运行线程数量的最大值。因为线程过多会带来资源开销的激增，影响系统的性能。

线程池中处理线程的过程一般称为任务调度，具体方式就是同步任务队列与完成队列。线程池保证任务队列中的新建任务进入线程池，同时把执行完的线程放入完成队列中去。

任务调度的具体内容，就是将新建任务添加到任务队列中，然后通过创建线程自动启动新建任务，然后将新建线程交由线程池进行统一管理（线程池则同时维护管理着多个线程）。同时，还会监控当前线程池中是否有处于空闲状态的线程，如有，则移出该空闲线程并插入另一个线程来保证所有处理器任务合理且繁忙（不浪费资源）。另外，还会保证线程池中的线程数量不超过最大值，如超过，则会让新建线程保持在任务队列中进行排队。

线程池既需要保证系统内核资源的充分利用，还要防止资源被过分调度。因此，线程池中活跃线程的数量一般取决于处理器内核、系统内存、网络 Sockets 和可用的并发处理器的数量。

使用线程池可以有效降低资源消耗，通过重复利用已创建的线程，降低创建线程和销毁线程造成的消耗。使用线程池可以提高响应速度，任务到达时不需要等到线程创建就可以立即执行。使用线程池还可以有效管理线程，对线程进行统一的分配、调优和监控。

3.2.2 线程池模型

线程池模型就是指线程池的设计方式，主要分为 HS/HA（半同步/半异步）模式和 L/F（领导者与跟随者）模式这两种。

HS/HA（半同步/半异步）模式又称为生产者消费者模式，是一种比较简单、比较常见的实现方式，该模式分为同步层、队列层和异步层。同步层的主线程处理工作任务并存入工作队列，工作线程从工作队列取出任务进行处理，如果工作队列为空，则取不到任务的工作线程进入挂起状态。但由于线程间有数据通信，因此不适用于大数据量交换的场合。

L/F（领导者/跟随者）模式线程池中的线程一般处在以下三种状态之一：领导者（leader）、追随者（follower）或执行者（processor）。无论在任何时刻，线程池中只有一个领导者（leader）线程。当事件到达时，领导者（leader）线程负责消息分离，并在追随者（follower）线程中选出一个来当继任领导者（leader），然后将自身设置为执行者（processor）状态去处置该事件，执行者（processor）线程处理完毕后就将自身的状态置为追随者（follower）。L/F（领导者/跟随者）模式线程池实现起来较为复杂，但避免了线程间交换数据的任务。

3.2.3 Java 线程池

Java 线程池完美地实现了线程复用功能，有效地降低了创建线程和销毁线程操作的资源消耗，提高了响应速度和系统性能。在 Java 开发中，所有涉及异步执行的任务或并发执行的任务的程序都需要使用线程池。

Java 线程池是基于 Executor 框架的两级调度模型实现的。Executor 框架是一个灵活且强大的异步执行框架，支持多种不同类型的任务执行策略，提供了一种标准的方法将任务的提交过程和执行过程解耦开发。Executor 框架基于"生产者-消费者"模式设计，其提交任务的线程相当于生产者，执行任务的线程相当于消费者，并用 Runnable 来表示任务。Executor 框架还实现了对生命周期的支持，以及统计信息收集、应用程序管理机制和性能监视等机制。

对于熟悉 Java 开发的读者，一定了解 JDK 自身是实现了 Java 线程（java.lang.Thread）功能的。在 Java 线程启动时会同步创建一个本地操作系统线程，二者是一对一相互映射的关系。而当该 Java 线程终止时，同步创建的本地操作系统线程也会被回收。Java 多线程应用程序会把自身分解为若干个任务去执行，这些任务通过用户级的调度器（Executor 框架）映射为固定数量的线程，底层的操作系统内核负责将这些线程映射到硬件处理器（CPU）上。简单来说，就是 Java 多线程应用程序通过 Executor 框架实现上层调度，而映射到底层的调度则完全由操作系统内核所控制，上层调度是无法控制下层调度的。

Java 线程池的原理与结构如图 3.1 所示。应用程序通过 Executor 框架控制上层的调度，而下层的调度由操作系统内核控制，下层的调度不受应用程序的控制。这就是 Java 线程池基于 Executor 框架实现的原理。

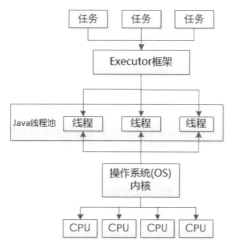

图 3.1　Java 线程池原理结构图

3.3 Reactor 模型

Reactor 模型（反应器模型）是一种基于 I/O 多路复用策略、处理一个或多个客户端并发连接请求的事件设计模式。

3.3.1 I/O 多路复用策略

在介绍 Reactor 模型之前，有必要先了解一下什么是 I/O 多路复用策略。所谓 I/O 多路复用，就是指使用一个线程来检查多个文件描述符 Socket 的就绪状态。例如，通过调用 select 和 poll 函数来传入多个文件描述符，如果有一个文件描述符的状态就绪则返回，否则就阻塞直到超时。在得到就绪状态后进行真正操作时，可以在同一个线程里执行，也可以启动新线程执行（如使用线程池时）。

一般情况下，I/O 多路复用策略是需要使用事件分发器的。对于事件分发器的作用，简单来说就是将那些读写事件源分发给各自读写事件的处理者。涉及事件分发器的两种模式分别称为 Reactor 模型和 Proactor 模型。

Reactor 模型是基于同步 I/O 的，而 Proactor 模型是与异步 I/O 相关的。如前文介绍的，Netty 线程模型就是通过 Reactor 模型、并基于 I/O 多路复用策略设计的。下面，我们继续介绍一下关于 Reactor 模型和 Proactor 模型的内容。

3.3.2 Reactor 模型和 Proactor 模型

本质上，无论是 Reactor 模型或是 Proactor 模型，二者都是一种基于事件驱动的、高性能的 I/O 设计模型。如前文描述的，二者的区别就是 Reactor 模型是基于同步 I/O 的，而 Proactor 模型是与异步 I/O 相关的。

1. Reactor模型——"反应堆"式的事件驱动调用机制

在介绍 Reactor 模型之前，我们先复习一下普通的函数调用机制。在普通的程序调用函数方式中，应用程序会根据处理流程主动调用并执行函数，然后程序会等待函数执行完成后的返回结果，函数会在执行完毕后将控制权回交给程序。

至于 Reactor 模型则恰恰相反，其反置了整个处理流程。应用程序不是主动的调用某个函数完成处理，而是提供了调用函数所对应的接口并注册到 Reactor 上，并将触发调用的操作定义为事件。当系统或用户操作触发事件时，Reactor 将主动调用应用程序注册的对应接口并执行函数，因此这些接口也称为"回调函数"。

将 Reactor 模型描述为"反应堆"式的事件驱动调用机制是非常形象的。当客户端提交一个或多个并发服务请求时，服务器端的处理程序会使用 I/O 多路复用策略，同步派发这些请求至相关的请求处理程序。

Reactor 模型是处理并发 I/O 比较常见的一种模型，其核心思想就是将所有要处理的 I/O 事件注册到一个中心 I/O 多路复用器上，同时主线程阻塞在多路复用器上。如果有 I/O 事件到来或是准备就绪，I/O 多路复用器就会返回，并将相应 I/O 事件分发到对应的处理器中进行处理。

2. Proactor模型——"主动器"式的事件驱动调用机制

虽然 Reactor 模型相对简单高效，但在处理异步 I/O 请求时就会显得很不适应。因此，设计人员就提出来了一种"主动器"式的 Proactor 模型，专门用于异步 I/O 请求方式。

在 Proactor 模型下，应用程序初始化一个异步读写操作，然后注册相应的事件处理器。此时，事件处理器并不会关注读写就绪事件，而是只关注读写操作完成事件（这也正是区别于 Reactor 模型的关键）。然后，在事件分发器等待读写操作完成事件的过程中，操作系统会通过调用内核线程完成读写操作，并将读写的内容放入应用缓存区中（异步 IO 请求均是由操作系统负责将数据读写到应用缓冲区中）。在事件分发器捕获到读写完成事件后，激活应用程序注册的事件处理器，并由事件处理器直接从缓存区中读写数据（此时就不是实际的读写操作了，实际的读写操作已经由系统内核完成了）。

3. Reactor模型与Proactor模型的异同

Reactor 模型与 Proactor 模型的相同点是，它们都是基于 I/O 多路复用策略实现的。区别在于 Reactor 模型是基于同步 I/O 的，而 Proactor 模型是与异步 I/O 相关的。

Reactor 模型实现了一个被动的事件分发模型，服务等待请求事件的到来，再通过不受间断的同步处理事件，进而完成操作处理。Proactor 模型实现了一个主动的事件分发模型，并支持多个任务并发的执行，对于耗时长的任务有特别优势（各个任务间互不影响）。

Reactor 模型实现相比于 Reactor 模型实现要简单，Proactor 模型逻辑复杂并依赖于操作系统对异步的支持。目前，对于 Proactor 模型支持比较好的有 Windows 系统实现的 IOCP 接口。相比于 Windows 系统，由于 Unix/Linux 系统对纯异步的支持有限，主要还是支持 Reactor 模型。

3.3.3 Reactor 线程模型

在 Reactor 模型中，主要包括 Handle、Synchronous Event Demultiplexer、Event Handler、Concrete Event Handler 和 Initiation Dispatcher 这五大基本角色。下面具体介绍一下这五大基本角色的功能与作用。

- Handle（资源描述符）：Handle的概念比较宽泛，本质上是操作系统范畴中一种用于描述资源的标识，例如：文件描述符、Socket描述符和事件描述符等。另外，在Windows操作系统中，Handle一般称为句柄，其实就是对资源描述符的另一种称谓。在Reactor模型中，Handle主要用于表示事件发生的源头。

- Synchronous Event Demultiplexer（同步事件分离器）：Synchronous Event Demultiplexer本质上是一个系统调用，主要用于等待一个或多个事件的发生。顾名思义，Synchronous Event Demultiplexer是同步的，被调用时会被阻塞，直到有事件产生为止。在Linux系统中，Synchronous Event Demultiplexer一般就是指I/O多路复用机制，比如select、poll和epoll等。在Java NIO范畴中，Synchronous Event Demultiplexer就是指Selector选择器，对应的就是select()方法（阻塞方法）。
- Event Handler（事件处理器）：Event Handler是由多个回调方法构成的，这些回调方法构成了针对某个事件的反馈机制。在Java NIO范畴中，Event Handler是由开发人员自行编写代码完成调用或回调的。而Netty架构中的Event Handler针对Java NIO进行了升级，为开发人员提供了大量的回调方法，针对特定的事件定义了相应的业务逻辑处理的回调方法。例如：在ChannelHandler中对应的都是一个个特定事件的回调方法。
- Concrete Event Handler（具体事件处理器）：Concrete Event Handler是Event Handler（事件处理器）的具体实现，它实现了Event Handler（事件处理器）所提供的各种回调方法，进而实现了特定的业务逻辑。
- Initiation Dispatcher（初始分发器）：Initiation Dispatcher定义了一组规范，用于控制事件的调度方式，同时还提供了针对Event Handler（事件处理器）的注册、删除等机制。Initiation Dispatcher是整个Event Handler的核心，其通过Synchronous Event Demultiplexer来等待事件的发生、事件到来时负责分离出每一个事件，进而调用Event Handler中的特定回调方法来处理这些事件。在Reactor模型中，Initiation Dispatcher实际上就扮演着Reactor的角色。

那么，以上这些角色是如何在一起工作的呢？首先，Initiation Dispatcher（初始化分发器）启动时，会把所有相关的Event Handler（事件处理器）对应的具体实现Concrete Event Handler（具体事件处理器）注册到Initiation Dispatcher中。然后，Initiation Dispatcher（初始化分发器）通过Synchronous Event Demultiplexer（同步事件分离器）等待事件的发生，事件到来时再根据事件的类型调用Event Handler（事件处理器）的回调。Event Handler（事件处理器）拥有Handle（事件描述符）的引用，Initiation Dispatcher在事件注册完成后会执行自己的内部循环（调用Synchronous Event Demultiplexer的select()方法）。最后，当客户端的连接请求到来时，select()方法会返回事件的集合，由Initiation Dispatcher遍历集合负责获取每一个具体的事件，再根据事件类型调用Event Handler的回调方法进行具体操作。

基于Reactor模型的主要有Reactor单线程模型、Reactor多线程模型和主从Reactor多线程模型这三种，这也正是Netty设计者构建Netty线程模型的核心基础。

1. Reactor单线程模型

Reactor 单线程模型，指的是所有的 I/O 操作都在同一个 NIO 线程上面完成，NIO 线程的职责如下：

- 作为NIO服务端，接收客户端的TCP连接。
- 作为NIO客户端，向服务端发起TCP连接。
- 读取通信对端的请求或者应答消息。
- 向通信对端发送消息请求或者应答消息。

关于 Reactor 单线程模型的基本原理，可以参考图 3.2 所示。

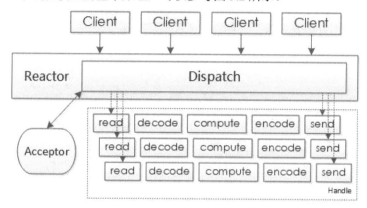

图 3.2　Reactor 单线程模型原理图

如图 3.2 所示，Reactor 是服务器端的一个线程对象，负责启动事件循环，并使用 select()函数（阻塞方式）实现 I/O 多路复用。Acceptor 事件处理器注册到 Reactor 对象中，并负责监听由客户端向服务器端发起的连接请求 ACCEPT 事件。Acceptor 事件处理器会通过 accept()方法得到客户端连接，并将具体的 READ 事件以及对应的 READ 事件注册到 Reactor 对象中。当 Reactor 监听到有 READ 事件发生时，会将相关的事件派发给对应的 Handle 处理器进行处理。同理，对于 WRITE 事件也是大致如此。最后，当 Reactor 对象处理完线程中的 I/O 事件后，会再次执行 select()函数等待新的事件就绪并进行处理。

注意：所谓 Reactor 单线程模型中的"单线程"主要是针对 I/O 操作而言，也就是所有的 I/O 操作都在一个线程上完成的。

Reactor 单线程模型主要适用于低负载、低并发、小数据量的应用场景，而对于高负载、高并发、大数据量的应用场景是明显力不从心的。试想一下，假如客户端同时发来成千上万的连接请求，即便服务器端将 CPU 性能发挥到极致，也是无法同时满足 I/O 处理要求的。为了解决上述问题，Reactor 单线程模型经过改进，进化而成了 Reactor 多线程模型。

2. Reactor多线程模型

Reactor 多线程模型是指在 Reactor 单线程模型的基础上，增加了一个工作者（worker）线程池。该工作者（worker）线程池负责处理从 Reactor 线程中移交出来的非 I/O 操作，最大程度地提高 Reactor 线程的 I/O 响应处理能力，尽量避免由于一些耗时的业务操作占用资源，进而延迟后续 I/O 请求操作的处理。

Reactor 多线程模型相比于 Reactor 单线程模型，在业务逻辑上主要做出了以下几个方面的改进：

- 将Handler处理器的执行放入线程池，由多线程进行业务处理。
- Reactor线程对象可以仍为单线程，而如果服务器为双核CPU，为了充分利用系统资源，可将Reactor对象拆分为两个线程。

关于 Reactor 多线程模型的基本原理，可以参考图 3.3 所示。

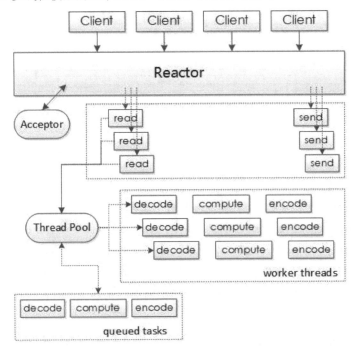

图 3.3　Reactor 多线程模型原理图

如图 3.3 所示，Reactor 多线程模型与 Reactor 单线程模型不同之处在于增加了一个工作者线程池（Thread Pool）。

在 Reactor 多线程模型中，工作者线程池（Thread Pool）将非 I/O 操作从 Reactor 线程对象中移出，并转交给工作者线程（Worker Thread）来处理执行。这种方式能够提高 Reactor 线程对象的 I/O 响应处理能力，尽量避免由于一些耗时的业务操作占用资源，进而延迟后续 I/O 请求操作的处理。

在 Reactor 多线程模型中增加工作者线程池（Thread Pool）的设计，可以通过重复使用已有的线程（不用额外创建新的线程）避免在处理多个请求时，由于创建新线程及销毁旧线程过程中产生的资源开销。另外，由于工作者线程（Worker Thread）通常都是处于工作状态，当客户端请求到达时可以立即接受任务，避免了由于等待创建新线程而延迟任务的执行，也就是提高了线程的响应性。

Reactor 多线程模型通过适当调整工作者线程池的大小，可以创建合适的线程数量以满足处理器时刻保持忙碌状态。同时，还可以防止由于过多的线程相互竞争系统资源，从而使应用程序耗尽内存或失败。

不过，图 3.3 中描述的 Reactor 多线程模型仍然存在一定的问题，主要就是所有的 I/O 操作仍然是由一个 Reactor 来完成的。在实际应用中，对于高负载、高并发、大数据量的应用场景会显得力不从心。于是，设计人员又改进了 Reactor 多线程模型的不足，提出了使用多个 Reactor 的模型。

3. 主从Reactor多线程模型

主从 Reactor 多线程模型是指在 Reactor 多线程模型的基础上，将 Reactor 分成 mainReactor 和 subReactor 两部分。其中，mainReactor 负责监听服务器端的套接字并接收新连接，然后将建立的套接字分派给 subReactor。而 subReactor 则负责解析已连接的套接字，然后将具体的业务操作转发给工作者线程池来完成。实际上，subReactor 的数量可与服务器的 CPU 数量等同。

主从 Reactor 多线程模型相比于 Reactor 多线程模型，在业务逻辑上主要做出了以下几方面的改进：

- 服务器端用于接收客户端连接的不再是一个单独的线程，而是一个独立的线程池。
- Acceptor接收到客户端的连接请求并处理完成后，将创建新的线程并注册到subReactor线程池中的某个I/O线程上，由其负责具体的业务工作。

关于主从 Reactor 多线程模型的基本原理，可以参考图 3.4 所示。

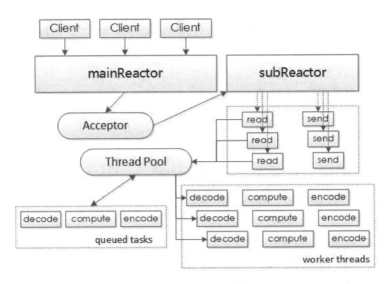

图 3.4 主从 Reactor 多线程模型原理图

如图 3.4 所示，在主从 Reactor 多线程模型的线程池中，每一个 Reactor 线程对象都会有自己的 selector() 函数、线程及事件分发的循环逻辑。主从 Reactor 多线程模型中的 mainReactor 可以只有一个，但 subReactor 一般会有多个（通常会对应于 CPU 数量）。其中，mainReactor 主要负责接收客户端的连接请求，然后将接收到的套接字转发给 subReactor，最终由 subReactor 来完成与客户端的实际业务操作。

关于主从 Reactor 多线程模型的业务逻辑主要如下：

（1）在服务器端接收到客户端的连接请求后，会注册一个 Acceptor 事件处理器到 mainReactor 中。需要注意，Acceptor 事件处理器仅仅负责处理 ACCEPT 事件，而 mainReactor 负责启动事件循环来监听客户端向服务器端发起的 ACCEPT 连接请求事件。Acceptor 处理器负责处理与客户端对应的连接套接字，然后将这个连接套接字传递给 subReactor。

（2）subReactor 线程池（Thread Pool）会分配一个 subReactor 线程给这个连接套接字，也就是将对应的事件处理器注册到 subReactor 线程中。另外，对于 subReactor 线程池（Thread Pool）中的每个 Reactor 线程，都会有自己的循环逻辑。

（3）当服务器端有 I/O 事件就绪时，相关的 subReactor 线程就会将事件转发给对应的处理器进行处理。请注意，此时 subReactor 线程只负责完成 I/O 读操作，在读取到数据后会将业务逻辑的处理放入到线程池中去完成。如果完成业务逻辑后需要返回数据给客户端，则相关 I/O 写操作还是会被返回给 subReactor 线程来完成。

对于主从 Reactor 多线程模型而言，所有 I/O 操作是由 Reactor 线程负责处理的，线程池（Thread Pool）仅仅用来处理非 I/O 操作。其中，mainReactor 负责完成接收客户端连接请求的操作（不负责与客户端的通信业务），然后将建立好的连接套接字转发给 subReactor，由

subReactor 负责完成与客户端的通信业务。这样设计的好处就是，对于高负载、高并发、大数据量的应用场景，mainReactor 专门负责客户端的连接请求，具体 I/O 操作会分发给多个 subReactor 来进行处理，对于支持多核 CPU 服务器端可以最大程度地提升负载性能。

3.4　Netty 线程模型

Netty 框架能够很好地支持高并发特性的一个重要原因，就是基于其高性能的线性模型。具体来说，Netty 框架的线性模型是通过 Reactor 模型，并基于 I/O 多路复用器接收和处理用户请求的设计。

3.4.1　Netty 线程模型与 Reactor 模型的关系

Netty 线程模型就是基于 I/O 多路复用策略而实现的一个 Reactor 线程模型的经典通信架构。

（1）Netty 服务器端在启动时会配置一个 ChannelPipeline，在 ChannelPipeline 中包含一个 ChannelHandler 链。所有的 I/O 事件发生时都会触发 Channelhandler 中的事件方法，这个事件会在 ChannelPipeline 中的 ChannelHandler 链里进行传递。此时，Netty 的事件处理器（Event Handle）就相当于 ChannelHandler。

（2）Netty 服务器端从 bossGroup 事件循环池（NioEventLoopGroup）中获取一个 NioEventLoop 来实现服务器端程序绑定本地端口的操作，将对应的 ServerSocketChannel 注册到该 NioEventLoop 中的 Selector 上，并注册 ACCEPT 事件为 ServerSocketChannel 所感兴趣的事件。此时，在 Netty 的 bossGroup 事件循环池（NioEventLoopGroup）中获取的 NioEventLoop 就相当于 mainReactor，NioEventLoop 中的 Selector 就相当于同步事件分离器（Synchronous Event Demultiplexer）。

（3）NioEventLoop 启动事件循环来监听客户端的连接请求。每当有客户端向服务器端发起连接请求时，NioEventLoop 的事件循环监听到该 ACCEPT 事件，Netty 负责接收这个连接并通过 accept() 方法得到与这个客户端的连接（SocketChannel）。此时，Netty 会并触发 ChannelHandler 中的 ChannelRead 事件，该事件会在 ChannelPipeline 中的 ChannelHandler 链中执行并传递。ServerBootstrapAcceptor 中的 readChannel() 方法负责将该客户端的连接（SocketChannel）注册到 workerGroup（NioEventLoopGroup）中某个 NioEventLoop 的 Selector 上，并注册 READ 事件为客户端的连接（SocketChannel）所感兴趣的事件，接下来就可以在客户端与服务器端之间进行通信了。

3.4.2 Netty 单线程模型应用

在 Netty 单线程模型应用中，通过在启动辅助类中创建单线程对应的 EventLoopGroup 实例，并进行与单线程相应的参数配置，就可以实现基于 Reactor 单线程模型的 Netty 应用。

下面，我们在"ReactorNetty"应用目录下新建一个 Java 文件（bindSingleReactor.java），用于实现 Netty 单线程模型应用。

【代码3-1】（详见源代码ReactorNetty\src\bindSingleReactor.java文件）

```
01  /**
02   * Netty Code
03   * Single Thread Reactor Module
04   */
05  public void bindSingleReactor(int port) {
06      EventLoopGroup reactorGroup = new NioEventLoopGroup();
07      try {
08          /**
09           * start single thread reactor
10           */
11          ServerBootstrap server_bootstrap = new ServerBootstrap();
12          server_bootstrap.group(reactorGroup, reactorGroup)
13              .channel(NioServerSocketChannel.class)
14              .childHandler(new ChannelInitializer<SocketChannel>() {
15                  @Override
16                  protected void initChannel(SocketChannel ch) throws Exception {
17                      ch.pipeline().addLast();
18                      // 此处省略相关代码
19                  }
20              });
21          Channel ch = server_bootstrap.bind(port).sync().channel();
22          ch.closeFuture().sync();
23      } catch(InterruptedException e) {
24          e.printStackTrace();
25      } finally {
26          reactorGroup.shutdownGracefully();
27      }
28  }
```

关于【代码3-1】的说明如下：

- 第06行代码中,通过EventLoopGroup定义了NioEventLoopGroup对象的实例(reactorGroup),这里相当于定义了一个单线程实例。
- 第11~20行代码中,通过ServerBootstrap定义了初始化分发器对象的实例(server_bootstrap),然后通过实例(server_bootstrap)调用一组相应的方法来初始化事件处理器。注意,第12行代码中group()方法参数使用,两个参数定义了同一个实例(reactorGroup),标识着这是一个单线程Netty模型应用。
- 第21行代码通过实例(server_bootstrap)的bind()方法绑定端口以及客户端连接的套接字通道。

3.4.3 Netty 多线程模型应用

在 Netty 多线程模型应用中,通过在启动辅助类中创建多线程对应的 EventLoopGroup 实例,并进行与多线程相应的参数配置,就可以实现基于 Reactor 多线程模型的 Netty 应用。

下面,我们在"ReactorNetty"应用目录下新建一个 Java 文件(bindMultiReactor.java),用于实现 Netty 多线程模型应用。

【代码3-2】(详见源代码ReactorNetty\src\bindMultiReactor.java文件)

```
01  /**
02   * Netty Code
03   * Multi Thread Reactor Module
04   */
05  public void bindMultiReactor(int port) {
06      EventLoopGroup acceptorGroup = new NioEventLoopGroup(1);
07      NioEventLoopGroup nioGroup = new NioEventLoopGroup();
08      try {
09          /**
10           * start multi thread reactor
11           */
12          ServerBootstrap server_bootstrap = new ServerBootstrap();
13          server_bootstrap.group(acceptorGroup, nioGroup)
14          .channel(NioServerSocketChannel.class)
15          .childHandler(new ChannelInitializer<SocketChannel>() {
16              @Override
17              protected void initChannel(SocketChannel ch) throws Exception {
18                  ch.pipeline().addLast();
19                  // 此处省略相关代码
20              }
21          });
```

```
22        Channel ch = server_bootstrap.bind(port).sync().channel();
23        ch.closeFuture().sync();
24    } catch (InterruptedException e) {
25        e.printStackTrace();
26    } finally {
27        acceptorGroup.shutdownGracefully();
28        nioGroup.shutdownGracefully();
29    }
30 }
```

关于【代码 3-2】的说明如下：

- 第 06 行代码中，通过 EventLoopGroup 定义了 NioEventLoopGroup 对象的实例（acceptorGroup），这里相当于定义了一个单线程实例。这里需要注意，使用 NioEventLoopGroup 新建对象时定义了参数（1），表示单独创建一组 Acceptor 线程用于处理客户端连接请求操作。
- 第 07 行代码中，通过 NioEventLoopGroup 定义了一个对象的实例（nioGroup），这里相当于定义了一个 NIO 线程组。
- 第 12~21 行代码中，通过 ServerBootstrap 定义了初始化分发器对象的实例（server_bootstrap），然后通过实例（server_bootstrap）调用一组相应的方法来初始化事件处理器。注意，第 13 行代码中 group() 方法参数的使用，两个参数分别定义了实例（acceptorGroup）和实例（nioGroup），表示这是一个 Netty 多线程模型应用。
- 第 22 行代码通过实例（server_bootstrap）的 bind() 方法绑定端口以及客户端连接的套接字信道。

3.4.4　主从 Netty 多线程模型应用

在主从 Netty 多线程模型应用中，通过在启动辅助类中创建主从多线程对应的 EventLoopGroup 实例，并进行与主从多线程相应的参数配置，就可以实现基于主从 Reactor 多线程模型的 Netty 应用。

下面，在"ReactorNetty"应用目录下新建一个 Java 文件（bindMulti2Reactor.java），用于实现主从 Netty 多线程模型应用。

【代码 3-3】（详见源代码 ReactorNetty\src\bindMulti2Reactor.java 文件）

```
01 /**
02  * Netty Code
03  * Multi Thread 2 Reactor Module
04  */
```

```
05  public void bindMulti2Reactor(int port) {
06      EventLoopGroup acceptorGroup = new NioEventLoopGroup();
07      NioEventLoopGroup nioGroup = new NioEventLoopGroup();
08      try {
09          /**
10           * start multi 2 thread reactor
11           */
12          ServerBootstrap server_bootstrap = new ServerBootstrap();
13          server_bootstrap.group(acceptorGroup, nioGroup)
14              .channel(NioServerSocketChannel.class)
15              .childHandler(new ChannelInitializer<SocketChannel>() {
16                  @Override
17                  protected void initChannel(SocketChannel ch) throws Exception {
18                      ch.pipeline().addLast();
19                      // 此处省略相关代码
20                  }
21              });
22          Channel ch = server_bootstrap.bind(port).sync().channel();
23          ch.closeFuture().sync();
24      } catch (InterruptedException e) {
25          e.printStackTrace();
26      } finally {
27          acceptorGroup.shutdownGracefully();
28          nioGroup.shutdownGracefully();
29      }
30  }
```

关于【代码3-3】的说明如下：

- 第06行代码中，通过EventLoopGroup定义了NioEventLoopGroup对象的实例（acceptorGroup），这里相当于定义了一个单线程实例。这里需要注意，使用NioEventLoopGroup新建对象时没有定义参数（表示创建默认的线程数），表示创建一个独立的Acceptor线程池来处理客户端连接请求操作。
- 第07行代码中，通过NioEventLoopGroup定义了一个对象的实例（nioGroup），这里相当于定义了一个NIO线程组。
- 第12~21行代码中，通过ServerBootstrap定义了初始化分发器对象的实例（server_bootstrap），然后通过实例（server_bootstrap）调用一组相应的方法来初始化事件处理器。

- 第22行代码通过实例（server_bootstrap）的bind()方法绑定端口以及客户端连接的套接字信道。

3.4.5　Netty 线程模型流程

Netty 是事件驱动的，可以通过 ChannelHandler 链来控制流程执行方向。Netty 模型中的 Boss 类充当 mainReactor，Worker 类充当 subReactor。在实际的连接请求到来时，Worker 线程将已收到的数据转到 ChannelBuffer 中，然后触发 ChannelPipeline 中的 ChannelHandler 流。

Netty 服务器端使用了"主从 Reactor 多线程模型"进行设计。mainReactor 对应着 bossGroup（NioEventLoopGroup）中的某个 NioEventLoop，subReactor 对应着 workerGroup（NioEventLoopGroup）中的某个 NioEventLoop，acceptor 对应着 ServerBootstrapAcceptor，Thread Pool 则对应着用户的自定义线程池。

Netty 线程模型是基于 Reactor 模型实现的异步事件驱动网络应用框架，所以掌握 Reactor 模式对于 Netty 的学习至关重要。

3.5　小结

本章主要介绍了线程基础、Java 线程池、Reactor 模型以及 Netty 框架的线程模型等内容，并通过 Reactor 模型模拟了三种 Netty 线程模型代码的构建方法。

第 4 章

Netty 内存管理

Netty 内存管理是 Netty 框架的核心部分，也是 Netty 技术较难掌握的内容之一。Netty 内存管理采用堆外内存分配的方式，从而避免了频繁的垃圾回收（GC）操作，这也正是 Netty 内存管理设计的特殊之处。本章重点介绍 Netty 内存管理的基础知识及其具体的应用过程。

本章主要包括以下内容：

- 内存管理基础
- Netty内存管理方法及主要类
- ByteBuf类的介绍及使用
- 零拷贝的实现
- 内存泄漏检测

4.1 内存管理基础

首先要介绍一下关于 Netty 内存管理的基础知识，我们要搞清楚什么是内存管理、Netty 内存管理的功能是什么。

4.1.1 什么是内存管理

内存管理无论是对于操作系统运行,还是对于程序语言设计都是无处不在的,其重要性不言而喻。内存管理的主要目的概括来讲就是:合理分配内存,尽量减少内存碎片,能够及时回收资源,提高内存的使用效率。

从操作系统的内存管理层面来讲,应用进程在运行时会向操作系统请求对内存资源的快速分配,并且在适当的时候释放和回收内存资源。基于这个理念,主流操作系统均实现了各自的内存管理算法。

内存管理是一个十分复杂且很有难度的工作,目前基于内存管理实现了许多知名的算法。比如,为了核心内存管理能够快速响应请求的 Buddy 算法,Linux 系统基于小块内存管理的 slab 算法,以及最近非常流行的、基于 FreeBSD 系统的多线程管理而设计的 jemalloc 算法。而 Netty 框架的内存管理方式就是基于 jemalloc 算法而实现的。

4.1.2 Netty 内存管理方式

Netty 框架的内存管理采用了 jemalloc 的思想,而 jemalloc 是 FreeBSD 系统实现的、基于多线程管理的内存管理算法。Netty 内存管理的具体方式说明如下。

首先,就是分配一块较大的内存空间。然后,在内存分配和内存回收的操作过程中,会使用一个类似数据库表结构的记录,监控内存的使用状态。这个监控是实时进行的,当新的内存操作到来时,会根据内存当前状态记录来完成操作。最后,当内存操作完成或内存被释放后,会同步更新这个内存状态记录。

Netty 框架的内存管理包括"有缓冲池"和"无缓冲池"两种方式,"有缓冲池"的内存管理方式会在内存回收时,将信息记录在缓冲池中,下次如果有合适的分配请求,则直接从缓冲池中复用。"无缓冲池"的内存管理方式则相反。实践中,使用"有缓冲池"的内存管理方式相比于"无缓冲池"的方式,其内存分配和内存回收的工作效率会更高。

4.1.3 Buffer 模块

负责 Netty 内存管理的是 Buffer 核心模块,所谓 Buffer 其实就是数据缓冲。我们知道,Netty 框架是基于 Java NIO 实现的,Java NIO 也是通过 Buffer 完成数据读写操作的。

在 Java 体系中,数据的基本单位是字节(Byte)格式,字节也是网络传输中最常用的基本格式。想要了解 Netty 的 Buffer 核心模块,前提是掌握 Java 二进制相关的基础知识。

4.2 Netty 内存管理核心

本节主要介绍 Netty 内存管理的核心类——ByteBuf，通过 ByteBuf 如何实现 Buffer API 功能。

4.2.1 什么是 ByteBuf

ByteBuf 是 Netty 专门为数据 Buffer（缓冲）设计的数据容器，其本质上就是一个功能强大的 Buffer（缓冲）类，用来表示字节序列及实现字节操作。为什么是字节呢？因为字节恰恰是网络数据传输的最基本格式。

既然讲到 ByteBuf，就必须提一下 ByteBuffer。这个 ByteBuffer 就是 Java NIO（JDK 1.4+）设计的 Buffer（缓冲）类，功能也是一个数据容器。Java NIO 设计 ByteBuffer 的目的是什么呢？ByteBuffer 相当于实现了一个数据缓冲区，每次读写操作时可以一次性将较多的数据放进去。这样做的好处就是，当下一次读写操作到来时，可以直接在这个数据缓冲区中进行操作，避免频繁地进行 I/O 操作（消耗大、费时间）。这个是设计 Buffer（缓冲）API 的好处。

不过，Java NIO 设计的 ByteBuffer 类并不是那么完美，有几个缺陷似乎一直也没有得到解决。首先，ByteBuffer 定义数据的长度是固定的，一旦分配完成，则不能动态扩展和收缩，当遇到大于 ByteBuffer 定义长度的情况时，就可能会触发异常。其次，ByteBuffer 只有一个用于标识位置的指针，读写操作时需要手工进行调整操作，如不小心处理则很容易导致程序处理失败。最后，ByteBuffer 的功能有限，一些高级特性需要设计人员手工编程来实现。

Netty 为了解决上面描述的 ByteBuffer 缺陷，重写了一个新的数据缓冲 Buffer 类，就是前面介绍的 ByteBuf 类。相比于 ByteBuffer，ByteBuf 设计了两个标识位置的指针，分别记录读和写的操作位置。可以说，Netty 框架设计的 ByteBuf 就是 Java NIO 设计的 ByteBuffer 的升级版。

4.2.2 ByteBuf 及其辅助类

Netty 框架在实现 ByteBuf 类过程中，定义了一组相关的辅助类，具体包括 ByteBufHolder、ByteBufAllocator、CompositeByteBuf 和 ByteBufUtil 这几个类。下面，我们详细介绍一下这几个辅助类的功能作用。

- ByteBufHolder接口：ByteBufHolder是ByteBuf的容器，本质上是一个接口（Interface）实现。在Netty框架中，通过ByteBufHolder接口可以实现HTTP请求消息和应答消息都可以携带消息体的功能。这个消息体在Java NIO中就是ByteBuffer对象，相应地，在Netty中就是ByteBuf对象。

ByteBufHolder设计的初衷是什么呢？我们知道，不同协议的消息体一般包含各自的协议字段，就需要对ByteBuf对象进行不同的包装与抽象。因此，Netty就抽象出来这个ByteBufHolder接口（包含一个ByteBuf定义），也就是实现了对ByteBuf对象的封装。接下来，开发人员就可以通过继承ByteBufHolder接口，按需封装自己的实现。

- ByteBufAllocator接口：ByteBufAllocator接口是一个字节缓冲区分配器。按照Netty缓冲区实现方式的不同，分为基于内存池（后文进行介绍）的字节缓冲区分配器和普通的字节缓冲区分配器，具体如图4.1所示。

UnpooledByteBufAllocator表示普通的字节缓冲区分配器，PooledByteBufAllocator表示池化的（基于内存池）的字节缓冲区分配器。UnpooledByteBufAllocator是对Java NIO中ByteBuffer的延续，PooledByteBufAllocator是Netty基于内存池技术的优化实现。Netty框架同时实现了这两种方式，也是为了获得更好的兼容性。

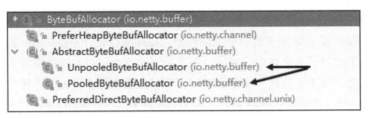

图4.1　ByteBufAllocator 接口实现

- CompositeByteBuf类：CompositeByteBuf类支持将多个ByteBuf对象实例拼装在一起，形成一个统一的视图。CompositeByteBuf类也是对Java NIO的改进，如果在Java NIO中实现相同的功能，需要使用将一个ByteBuffer复制到另一个ByteBuffer中的方式来实现，或者通过数组列表容器的方式来实现，从编程的角度来看是非常低级的。

CompositeByteBuf类在实现上相当于定义了一个Component类型的集合，负责将ByteBuf对象进行了聚合包装操作。CompositeByteBuf类在特定的场景下十分有用，假设某个协议的数据Buffer对象包含有消息头和消息体两部分，这两部分都是ByteBuf对象，我们就可以对其进行编码整合。

- ByteBufUtil：ByteBufUtil是一个非常有用的工具类，提供了一系列静态方法用于操作ByteBuf对象。其中，最常用的就是对字符串进行编码（encodeString()）和解码（decodeString()）的方法。另外一个就是hexDump()方法，能够将参数ByteBuf的内容以十六进制字符串的方式打印出来，用于输出日志或者打印码流，在程序调试上非常有用。

4.2.3 ByteBuf 工作原理

Netty 框架在 ByteBuf 中所做出的改进是非常明显的,很好地解决了网络通信数据(字节流)的传输要求。前文中,我们提到了网络数据传输的最基本格式是字节,这就要求数据传输所使用的数据接口是高效安全的。因此,Netty 设计了 Pipeline(管道)和 Buffer(缓冲)来解决这个问题,ByteBuf 就可以用来完成数据缓冲功能。

ByteBuf 在设计上实现了可以自定义缓冲类型的功能,扩展性良好。ByteBuf 通过方法链、引用计数(Reference-Counting)、内存池技术(Pooling),将读取和写入索引彻底分离(对比于 Java NIO 的 ByteBuffer),不需要调用 flip()方法就可以进行读/写模式的切换。另外,ByteBuf 还通过一个内置的复合缓冲类型实现了零拷贝(后文进行介绍)。

ByteBuf 通过两个位置(position)索引指针来配合缓冲区的读写操作,读操作使用 readerIndex 索引指针,写操作使用 writerIndex 索引指针。readerIndex 指针和 writerIndex 指针的取值初始定义为 0,如图 4.2 所示。ByteBuf 在初始化分配时,readerIndex 指针和 writerIndex 指针的初始位置定义为 0。

图 4.2　ByteBuf 工作原理(初始化)

当向 ByteBuf 写入数据后,writerIndex(写入索引指针)会相应增加写入的字节数。这里,我们先假设向 ByteBuf 写入 L 字节长度的数据,则 ByteBuf 的指针变化如图 4.3 所示。

图 4.3 中所示,随着向 ByteBuf 写入 L 字节长度后,writerIndex(写入索引指针)的位置会定位到 L。此时,ByteBuf 中 0~L 区间内是可读取的容量,L~capacity 区间内是可写入的容量。那么,这个 capacity 最大是多少呢?

开发人员可以给 ByteBuf 自定义一个容量值,这个值限制着 ByteBuf 的容量,假如尝试写入超过这个限值将会导致抛出异常。在 Netty 框架中,ByteBuf 的默认最大容量限制是 Integer.MAX_VALUE(等于 2 的 31 次方减 1,已经是足够大的数值了)。

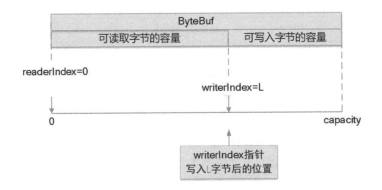

图 4.3 ByteBuf 工作原理（写入）

同样，当从 ByteBuf 读取数据后，readerIndex（读取索引指针）也会增加读取的字节数。这里，我们继续假设向 ByteBuf 读取 M 字节长度的数据，则 ByteBuf 的指针变化如图 4.4 所示。

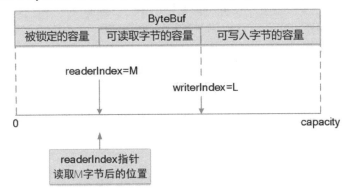

图 4.4 ByteBuf 工作原理（读取）

随着从 ByteBuf 读取 M 字节长度后，readerIndex（读取索引指针）的位置会定位到 M。此时，ByteBuf 中 0~M 区间内是被锁定的容量，M~L 区间内是可读取的容量，L~capacity 区间内仍是可写入的容量。请注意，readerIndex（读取索引指针）的位置不会超过 writerIndex（写入索引指针）的位置，否则就会抛出 IndexOutOfBoundsException 异常。

现在，再看一下图 4.4 中描述的"被锁定的容量"，也就是 ByteBuf 中 0~M 区间。这段区间在读取操作完成后，就会被视为"放弃"的空间。Netty 定义了一个 discardReadBytes()方法可以释放这部分空间，具体效果如图 4.5 所示。

ByteBuf 在调用 discardReadBytes()方法进行释放空间的操作后，readerIndex（读取索引指针）的位置会重新回到初始化的位置 0 上，writerIndex（写入索引指针）的位置在经过重新计算后会定位到 L-M 上，此时被锁定的空间就会被全部释放。

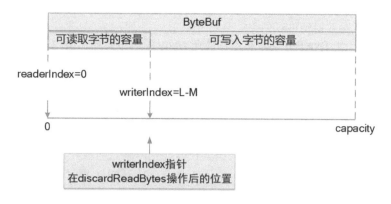

图 4.5　ByteBuf 工作原理（discardReadBytes 方法）

最后，Netty 还定义了一个 clear() 方法可以释放 ByteBuf 的全部空间，具体效果如图 4.6 所示。

图 4.6　ByteBuf 工作原理（clear 方法）

调用 clear() 方法后 readerIndex（读取索引指针）和 writerIndex（写入索引指针）的位置重新归零，ByteBuf 的空间全部被释放出来了。

以上描述的就是 ByteBuf 的基本工作原理，对于读操作不会影响 writerIndex（写入索引指针），同样地对于写操作也不影响 readerIndex（读取索引指针），因此读/写操作之间就避免了 Java NIO 中 ByteBuffer 对于指针位置的调整，最大程度地简化了对 Buffer（缓冲）的读写操作。

4.2.4　ByteBuf 动态扩展

对于 Java NIO 中的 ByteBuffer 来说，假如对 ByteBuffer 进行写入操作的时候，发生缓冲区剩余可写空间不够的情况，就会触发 BufferOverflowException 异常。为了避免发生这个问题，ByteBuffer 每次进行写入操作时都需要对可用空间进行校验，这势必导致了代码冗余，甚至会引发一系列不好的后续问题。

为了解决上述 Java NIO 中 ByteBuffer 的问题，Netty 针对 ByteBuf 的写入操作进行了特别的改进。具体就是，由 ByteBuf 的写入操作负责对剩余可用空间进行校验，如果发现可用缓冲区空间不足，ByteBuf 就会自动进行动态扩展。

下面，我们看一下 ByteBuf 动态扩展功能在 Netty 源码中是如何实现的（以下代码节选自最新的 Netty 4.x 版本中的 AbstractByteBuf.class 文件，为了阅读方便略作了一些删减改动）。

【代码4-1】（详见Netty源代码中AbstractByteBuf.class文件）

```
01  /*
02   * AbstractByteBuf class --- based on Netty 4.x
03   */
04  public abstract class AbstractByteBuf extends ByteBuf {
05    /*
06     * ensureWritable func
07     */
08    public ByteBuf ensureWritable(int minWritableBytes) {
09      this.ensureWritable0(
10       ObjectUtil.checkPositiveOrZero(
11        minWritableBytes,
12        "minWritableBytes"
13       )
14      );
15      return this;
16    }
17    /*
18     * ensureWritable0 func
19     */
20    final void ensureWritable0(int minWritableBytes) {
21      int writerIndex = this.writerIndex();
22      int targetCapacity = writerIndex + minWritableBytes;
23      if (targetCapacity <= this.capacity()) {
24        this.ensureAccessible();
25      } else if (checkBounds && targetCapacity > this.maxCapacity) {
26        this.ensureAccessible();
27         throw new IndexOutOfBoundsException(
28        String.format(
29         "writerIndex(%d) + minWritableBytes(%d) exceeds maxCapacity(%d): %s",
30         writerIndex,
31         minWritableBytes,
32         this.maxCapacity,
33         this
34        )
35       );
```

```
36      } else {
37       int fastWritable = this.maxFastWritableBytes();
38       int newCapacity =
39        fastWritable >= minWritableBytes ?
40        writerIndex + fastWritable : this.alloc().calculateNewCapacity(
41         targetCapacity,
42         this.maxCapacity
43        );
44       this.capacity(newCapacity);
45      }
46     }
47    }
```

关于【代码4-1】的说明如下：

- 第04行代码中，可以看到ByteBuf动态扩展功能具体是在AbstractByteBuf抽象类中实现的，该类继承自ByteBuf类。可能不同版本的Netty源码在实现上略有不同，但原理基本相同。
- 第08~16行代码定义的ensureWritable()方法用于保证ByteBuf空间可写，其中09~14行代码调用了一个ensureWritable0()方法，用于判断最小的可写字节数是否满足条件。
- 第20~46行代码定义的ensureWritable0()方法用于具体实现ByteBuf动态扩展的算法，具体如下：
    - 首先，第21行代码通过调用writerIndex()方法获取当前的writerIndex（写入索引指针）。
    - 然后，第22行代码通过writerIndex（写入索引指针）和最小的可写字节数计算出预期写入容量。
    - 最后，第23~45行代码通过if条件选择语句，比较判断预期写入容量与最大可写入容量的大小，如果可写入就直接进行写入操作；如果可以进行动态扩展就重新定义可写入容量（见第38~44行代码）；如果超过maxCapacity最大缓冲区容量值就会抛出异常。

以上是ButeBuf动态扩展的部分源码实现，我们略作改动，以便于读者理解实现原理。实际上，对于开发人员而言，是不需要关心底层实现细节的，只要注意不超过设置的最大缓冲区容量即可。当可用空间不足时，ByteBuf会实现自动扩展功能的。

4.2.5　ByteBuf 使用模式

ByteBuf在使用缓冲区的过程中，一般会遵循几种固定的使用模式，包括：堆缓冲区（Heap

Buffer）模式、直接缓冲区（Direct Buffer）模式，以及复合缓冲区（Composite Buffer）模式。

1. 堆缓冲区（Heap Buffer）模式

堆缓冲区（Heap Buffer）模式是最常用的一种 ByteBuf 使用模式。这里的"堆"其实就是 JVM 中"堆"的概念，ByteBuf 将数据存储在 JVM 的堆空间中，可以实现内存空间的快速分配与释放。

JVM 中的"堆"可以用于存放实例化的数组，ByteBuf 将数据存储在 JVM 的堆空间，就是将数据存储以数组的方式来实现。ByteBuf 还提供了直接访问数组的 ByteBuf.array()方法，可以直接获取字节（byte[]）数据。

下面是关于 ByteBuf 堆缓冲区（Heap Buffer）模式的代码使用方法。

【代码4-2】（堆缓冲区模式）

```
01  /*
02   * ByteBuf --- 堆缓冲区（Heap Buffer）模式
03   */
04  ByteBuf heapBuf;
05  if (heapBuf.hasArray()) {
06      byte[] array = heapBuf.array();
07      int offset = heapBuf.arrayOffset() + heapBuf.readerIndex();
08      int length = heapBuf.readableBytes();
09      handleArray(array, offset, length);
10  }
```

关于【代码 4-2】的说明如下：

- 第04行代码中，定义了一个ByteBuf对象实例（heapBuf），表示使用堆缓冲区（Heap Buffer）模式。
- 第05行代码中，通过if条件语句判断ByteBuf是否支持数组的使用。此处的判断十分必要，当试图访问非堆缓冲区ByteBuf数组时会导致异常。
- 第06行代码中，定义了一个字节数组变量(array)，获取了heapBuf对象实例的数组引用。
- 第07行代码中，计算出第1字节的偏移量。
- 第08行代码中，获取了可读的字节长度。
- 第09行代码中，将前面定义的数组、数组偏移量和数组长度作为参数来调用自定义方法。

ByteBuf 的堆缓冲区（Heap Buffer）使用模式基本沿用了 Java NIO 中 ByteBuffer 的使用过程。

2. 直接缓冲区（Direct Buffer）模式

直接缓冲区（Direct Buffer）模式是另一种比较常用的 ByteBuf 使用模式。其实，并不是所有的内存分配都发生在"堆"空间中，Java NIO 中的 ByteBuffer 就允许 JVM 通过本地方法直接调用分配内存。

使用直接缓冲区有什么好处呢？这里就要提到 JVM 著名的 GC（垃圾回收）机制了。GC 机制是通过 JVM 自动方式实现的，主要用在内存的"堆"空间中。自动机制固然很好，但由于缺少人工操作的干预，不可避免地会出现由于频繁启动 GC 机制导致的性能下降。使用直接缓冲区对于那些通过套接字（Socket）实现数据传输的应用来说，是一种非常理想的方式。因此，即使数据是存放在由"堆"分配的缓冲区中，在实际通过套接字（Socket）发送数据之前，JVM 同样是需要将数据复制到直接缓冲区中。

下面是关于 ByteBuf 直接缓冲区（Direct Buffer）模式的代码使用方法。

【代码4-3】（直接缓冲区模式）

```
01  /*
02   * ByteBuf --- 直接缓冲区（Direct Buffer）模式
03   */
04  ByteBuf directBuf;
05  if (!directBuf.hasArray()) {
06      int length = directBuf.readableBytes();
07      byte[] array = new byte[length];
08      directBuf.getBytes(directBuf.readerIndex(), array);
09      handleArray(array, offset, length);
10  }
```

关于【代码4-3】的说明如下：

- 第04行代码中，定义了一个ByteBuf对象实例（directBuf），表示使用直接缓冲区（Direct Buffer）模式。
- 第05行代码中，通过if条件语句判断ByteBuf是否支持数组的使用。注意，这里使用的是NOT（非）判断方式，原因是直接缓冲区（Direct Buffer）与堆缓冲区（Heap Buffer）模式不同，内存操作是在非堆缓冲区中进行的。
- 第06行代码中，通过调用directBuf对象的readableBytes()方法获取了可读字节的长度（length）。
- 第07行代码中，定义了一个长度为length的字节数组（array）。
- 第08行代码中，通过调用directBuf对象的readerIndex()方法获取了readerIndex(读取索引指针)，然后通过调用directBuf对象的getBytes()方法获取长度为length的字节内容，并保存到array字节数组中。
- 第09行代码中，将前面定义的数组、数组偏移量和数组长度作为参数来调用自定义方法。

从第 07 行代码中可以看到，使用直接缓冲区（Direct Buffer）模式比使用堆缓冲区（Heap Buffer）模式要多定义一个数组，用来保存读取的内容。原因是数据不在内存的"堆"空间中，所以要通过创建数据"副本"的形式来存储数据，这也正是直接缓冲区（Direct Buffer）模式的缺点之一。所以，假如容器里的数据将作为一个数组被访问，建议使用堆缓冲区（Direct Buffer）模式。

3. 复合缓冲区（Composite Buffer）模式

复合缓冲区（Composite Buffer）模式是一种同时使用多个 ByteBuf 的方式，开发人员可以将多个 ByteBuf 组成一个列表，在列表中可以动态地添加或删除其中任意的 ByteBuf。Netty 设计了一个 CompositeByteBuf 类（ByteBuf 的子类）来实现复合缓冲区模式。

下面，举一个使用复合缓冲区（Composite Buffer）模式的例子。假设有一种数据消息是由消息头部（Header）和消息主体（Body）两部分组成，我们可以将消息头部和消息主体两部分组合成一条消息进行传输。此时，有可能存在消息头部相同，只是消息主体不同的情况；也有可能存在只是消息头部不同，而消息主体相同的情况。这时，复合缓冲区（Composite Buffer）模式就会发挥作用了，不用每次重新定义一个新的 ByteBuf 来传输消息了。关于本例中描述的 CompositeByteBuf 消息结构，如图 4.7 所示。

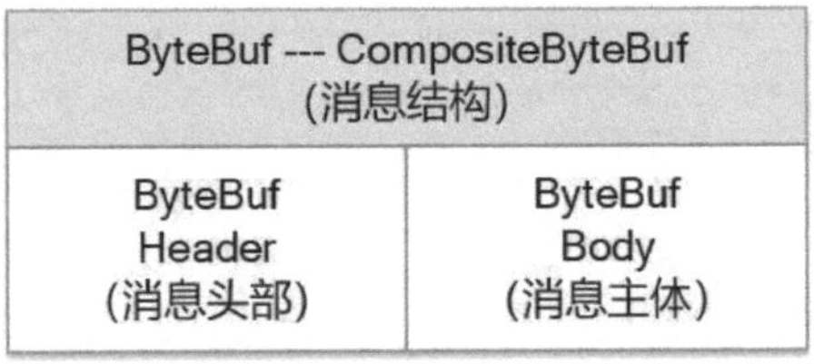

ByteBuf --- CompositeByteBuf (消息结构)	
ByteBuf Header (消息头部)	ByteBuf Body (消息主体)

图 4.7 CompositeByteBuf 消息结构

如图 4.7 中所示，通过 CompositeByteBuf 将消息头部和消息主体两部分组合成了一个 ByteBuf 对象。

下面，是关于 ByteBuf 复合缓冲区（Composite Buffer）模式的代码使用方法。

【代码4-4】（复合缓冲区模式）

```
01  /*
02   * ByteBuf --- 复合缓冲区（Composite Buffer）模式
03   */
04  CompositeByteBuf msgBuf; // TODO: define CompositeByteBuf obj
05  ByteBuf headerBuf; // TODO: define headerBuf obj by any pattern
06  ByteBuf bodyBuf;   // TODO: define bodyBuf obj by any pattern
07  /*
08   * ByteBuf --- addComponents method
```

```
09   */
10  msgBuf.addComponents(headerBuf, bodyBuf);
11  /*
12   * ByteBuf --- removeComponent method
13   */
14  msgBuf.removeComponent(0);
15  /*
16   * loop to print message component
17   */
18  for (int i = 0; i < msgBuf.numComponents(); i++) {
19      System.out.println(msgBuf.component(i).toString());
20  }
```

关于【代码4-4】的说明如下：

- 第04行代码中，定义了一个CompositeByteBuf对象实例（msgBuf），表示使用复合缓冲区（Composite Buffer）模式定义的消息对象。
- 第05行代码中，定义了一个ByteBuf对象实例（headerBuf），表示定义的消息头部对象，这个消息头部（headerBuf）对象既可能是直接缓冲区（Direct Buffer）模式的，也可能是堆缓冲区（Heap Buffer）模式的。
- 第06行代码中，定义了一个ByteBuf对象实例（bodyBuf），表示定义的消息主体对象，这个消息主体（bodyBuf）对象同样既可能是直接缓冲区（Direct Buffer）模式的，也可能是堆缓冲区（Heap Buffer）模式的。
- 第10行代码中，通过调用CompositeByteBuf类的addComponents()方法将消息头部（headerBuf）对象和消息主体（bodyBuf）对象组合在一起。
- 第14行代码中，通过调用CompositeByteBuf类的removeComponent()方法删除索引为1的ByteBuf实例。
- 第18~20行代码中，通过for循环语句遍历所有的ByteBuf实例。

注意，CompositeByteBuf是不允许直接访问其内部数组的数据的，在使用上类似于直接缓冲区（Direct Buffer）模式。实际上，可以将CompositeByteBuf作为一个可迭代遍历的容器来使用。

4.2.6　ByteBuf字节操作

ByteBuf在最基本的读取和写入操作上，还支持字节级别的操作，也就是直接操作具体字节的内容。

1. 通过索引操作字节的方法

ByteBuf 使用的是基于 0（zero-based）开始的索引记录法（indexing），首字节的索引数值是 0，最后一个字节的索引数值是 ByteBuf 对象的 capacity 数值再减去 1。其实，ByteBuf 的索引记录法与数组的下标记录法是基本一致的。

下面这段代码是遍历 ByteBuf 对象所有字节的一种方法。

【代码4-5】（遍历ByteBuf全部字节）

```
01  ByteBuf buf;
02  /*
03   * for loop to Traversal all the ByteBuf's bytes
04   */
05  for (int i=0; i<buf.capacity(); i++) {
06      byte b = buf.getByte(i);
07      System.out.println((char)b);
08  }
```

关于【代码 4-5】的说明如下：

- 第01行代码中，定义了一个ByteBuf对象实例（buf）。
- 第05~08行代码中，通过for循环语句遍历了buf对象的全部字节，具体说明如下：
    - 第06行代码通过buf对象调用getByte(i)方法获取了索引位置（i）的具体字节内容。
    - 第07行代码将获取的字节内容以字符（char）格式，在控制台中进行测试打印输出。

注意，通过索引访问 ByteBuf 对象时，不会修改 readerIndex（读取索引指针）和 writerIndex（写入索引指针）的值。

在上述代码示例中可以看到，通过 ByteBuf 类的 readerIndex(index)方法或 writerIndex(index)方法可以修改 readerIndex（读取索引指针）值或 writerIndex（写入索引指针）值。

另外，使用读取操作方法 readerIndex(index)修改后的 readerIndex 指针与使用写入操作方法 writerIndex(index)修改后的 writerIndex 指针之间有一定的大小逻辑关系，如图 4.8 所示。

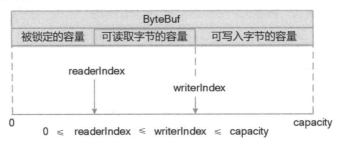

图 4.8　ByteBuf 索引指针关系

如图 4.8 中所示，无论 ByteBuf 如何操作内存指针索引，readerIndex 索引指针与 writerIndex 索引指针之间必须符合如下关系：

```
0 ≤ readerIndex ≤ writerIndex ≤ capacity
```

另外，被锁定的容量（0~readerIndex 之间）可以丢弃，因为已经被 readerIndex(index)方法读取完了。可读取字节的容量（readerIndex~writerIndex 之间）是还没有被读取的，而可写入字节的容量（writerIndex~capacity 之间）是可以继续被写入的。

2. 回收被锁定的字节空间

前文中提到了"被锁定的容量"可以被丢弃，因为其已经是被读取完了的字节。那么，如何来回收该空间呢？ByteBuf 类定义了一个 discardReadBytes()方法用来回收"被锁定的容量"。

下面，我们演示一下 discardReadBytes()方法的操作逻辑。假设 ByteBuf 对象在经过读取和写入的操作后，readerIndex 索引指针和 writerIndex 索引指针的位置如图 4.9 所示。

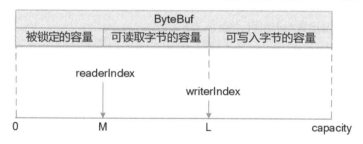

图 4.9　ByteBuf 索引指针初始位置

ByteBuf 对象的 readerIndex 读取索引指针数值为 M，writerIndex 写入索引指针数值为 L。此时，通过调用 discardReadBytes()方法就可以释放"被锁定的容量"，释放后的 readerIndex 索引指针和 writerIndex 索引指针位置变化如图 4.10 所示。

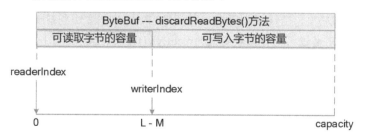

图 4.10　ByteBuf 释放"被锁定的容量"后的索引指针位置

调用 discardReadBytes()方法释放"被锁定的容量"后，readerIndex 读取索引指针位置回归到 0，writerIndex 写入索引指针位置重新定位到 L-M。此时，ByteBuf 可写入的容量空间相当于被增大了。

ByteBuf 类定义的 discardReadBytes() 方法可以用来清空 ByteBuf 中已读取的数据，从而实现了动态扩充 ByteBuf 可写入的容量空间。不过 discardReadBytes() 方法也会有副作用，在移动字节内容的过程中会涉及内存复制的操作，这样势必会对性能造成影响。因此，释放"被锁定的容量"的操作不要频繁使用，只有当必须马上进行动态扩容的时候使用，才会得到最好的性价比。

3. 读取字节操作

ByteBuf 类定义一系列用于读取缓冲区中字节的方法，对于"读"系列的方法一般以 read 单词开头，而且有一部分"读"系列的方法定义为具有有多个重载方法的形式。这些"读"系列的方法一般会基于 readerIndex 读取索引指针进行操作，且执行完毕后会相应地修改 readerIndex 读取索引指针的数值。

下面这段代码是通过 readByte() 方法遍历 ByteBuf 对象中全部可读取字节的一种方法。

【代码4-6】（遍历ByteBuf可读取字节）

```
01  /* --- ByteBuf: readByte() --- */
02  ByteBuf buf;
03  /*
04   * Traversal buffer readable byte
05   */
06  while(buf.isReadable()) {
07      System.out.println(buf.readByte());
08  }
```

关于【代码 4-6】的说明如下：

- 第02行代码中，定义了一个ByteBuf对象实例（buf）。
- 第06~08行代码中，通过while语句循环调用isReadable()方法判断buf是否是可读的，如果满足条件，则通过第07行代码定义的readByte()方法，遍历读取buf对象实例中可读取的字节。
- 第07行代码中调用的readByte()方法在读取字节后，会自动增加readerIndex读取索引指针的值。

ByteBuf 类定义的 readByte() 方法执行完毕后，自动增加 readerIndex 读取索引指针的值，具体是如何实现的呢？我们看一下 readByte() 方法在 Netty 源码中的实现（以下代码节选自最新的 Netty 4.x 版本中的 AbstractByteBuf.class 文件，为了阅读方便略作了一些删减改动）。

【代码4-7】（详见Netty源代码中AbstractByteBuf.class文件）

```
01  /* --- AbstractByteBuf.class --- */
02  /*
03   * ByteBuf: readByte method
04   */
05  public byte readByte() {
06    this.checkReadableBytes0(1); // TODO: check one readable byte
07    int i = this.readerIndex;    // TODO: get readerIndex
08    byte b = this._getByte(i);   // TODO: get byte
09    this.readerIndex = i + 1;    // TODO: refresh readerIndex
10    return b;
11  }
```

关于【代码4-7】的说明如下：

- 第06行代码中，通过调用checkReadableBytes0()方法判断Buffer中是否有1个可读的字节。
- 第07行代码中，获取readerIndex读取索引指针的值。
- 第08行代码中，调用ByteBuf类底层的_getByte()方法读取字节。
- 第09行代码中，将readerIndex读取索引指针的值增加1，相当于实现了自动增加操作。
- 第10行代码中，返回读取的字节内容。

ByteBuf 类除定义了 readByte()方法外，还定义了一个类似的 readBytes()方法用于读取字节，二者有所区别。

下面这段代码是通过调用 readBytes()方法读取 ByteBuf 对象中可读取字节的一种方法。

【代码4-8】（读取ByteBuf可读取字节）

```
01  // TODO: define ByteBuf variable
02  ByteBuf buf;
03  // TODO: define byte[] array
04  byte[] dest = new byte[buf.readableBytes()];
05  // TODO: ByteBuf readBytes method
06  buf.readBytes(dest);
```

关于【代码4-8】的说明如下：

- 第02行代码中，定义了一个ByteBuf对象实例（buf）。
- 第04行代码中，定义了一个byte字节类型的数组变量（dest），用于复制读取的可读字节内容。

- 第06行代码中，通过调用ByteBuf类的readBytes(dest)方法，将读取到的可读字节内容复制到数组变量（dest）中。

ByteBuf 类定义了多个 readBytes()方法的重载形式，我们看一下【代码 4-8】中调用的 readBytes()方法在 Netty 源码中是如何实现的，请看下面的代码（以下代码节选自最新的 Netty 4.x 版本中的 AbstractByteBuf.class 文件，为了阅读方便略作了一些删减改动）。

【代码4-9】（详见Netty源代码中AbstractByteBuf.class文件）

```
01  /* --- AbstractByteBuf.class --- */
02  /*
03   * ByteBuf: readBytes(byte[] dst) method
04   */
05  public ByteBuf readBytes(byte[] dst) {
06    this.readBytes((byte[])dst, 0, dst.length);
07    return this;
08  }
09  /*
10   * ByteBuf: readBytes(byte[] dst, int dstIndex, int length) method
11   */
12  public ByteBuf readBytes(byte[] dst, int dstIndex, int length) {
13    this.checkReadableBytes(length);
14    this.getBytes(this.readerIndex, dst, dstIndex, length);
15    this.readerIndex += length;
16    return this;
17  }
```

关于【代码4-9】的说明如下：

- 第05~08行代码中实现的readBytes()方法，正是【代码4-8】中第06行代码调用的形式。注意，在其内部是通过第06行代码直接调用了readBytes()方法的另一种重载形式。
- 第12~17行代码中实现的readBytes()方法，正是第06行代码调用的readBytes()方法的重载形式，具体说明如下：
    - 第13行代码中，通过调用checkReadableBytes()方法判断Buffer中是否有长度为length的可读字节。
    - 第14行代码中，通过调用ByteBuf类底层的_getBytes()方法读取可读的字节。
    - 第15行代码中，将readerIndex读取索引指针的值增加length，相当于实现了自动增加操作。
    - 第16行代码中，通过this返回该方法的函数指针。

前面介绍了在 ByteBuf 类中 read 读取系列的使用方法，接着介绍在 ByteBuf 类中 write 写入系列的使用方法。

4. 写入字节操作

ByteBuf 类还定义了一系列用于写入缓冲区字节的方法，对于"写"系列的方法一般以 write 单词开头，并且有一部分"写"系列的方法定义为具有多个重载方法的形式。这些"写"系列的方法一般会基于 writerIndex 写入索引指针进行操作，且执行完毕后会相应地修改 writerIndex 写入索引指针的数值。

下面这段代码是通过 writeByte()方法，向 ByteBuf 对象缓冲空间中写入随机字节内容的一种方法。

【代码4-10】（向ByteBuf对象写入字节）

```
01  /* --- ByteBuf: writeByte() --- */
02  ByteBuf buf;
03  /*
04   * write random byte to buffer
05   */
06  for(int i=0; i<buf.capacity(); i++) {
07    Random r = new Random();
08    int n = r.nextInt();
09    buf.writeByte(n);
10  }
```

关于【代码 4-10】的说明如下：

- 第02行代码中，定义了一个ByteBuf对象实例（buf）。
- 第06~10行代码中，通过for语句循环向buf对象实例的缓冲区中写入随机内容的字节，具体说明如下：
  - 第07行代码中，通过Java的Random类定义了一个随机数变量（r），用于生成一个随机数。
  - 第08行代码中，通过变量r调用nextInt()方法生成一个随机整数。
  - 第09行代码中，调用的writeByte()方法向buf对象实例的缓冲区中写入随机数，同时自动增加writerIndex写入索引指针的值。

ByteBuf类定义的writeByte()方法执行完毕后，同样会自动增加writerIndex写入索引指针的值，具体是如何实现的呢？我们看一下 writeByte()方法在 Netty 源码中的实现（以下代码节选自最新的 Netty 4.x 版本中的 AbstractByteBuf.class 文件，为了阅读方便略作了一些删减改动）。

【代码4-11】（详见Netty源代码中AbstractByteBuf.class文件）

```
01  /* --- AbstractByteBuf.class --- */
02  /*
03   * ByteBuf: writeByte method
04   */
05  public ByteBuf writeByte(int value) {
06    this.ensureWritable0(1);  // TODO: ensure buffer writable
07    this._setByte(this.writerIndex++, value); // TODO: setByte
08    return this;
09  }
```

关于【代码4-11】的说明如下：

- 第06行代码中，通过调用ensureWritable0(1)方法判断Buffer中是否有1个可写入的字节。
- 第07行代码中，通过调用ByteBuf类底层的_setByte()方法写入字节内容。其中，第1个参数为writerIndex写入索引指针，第2个参数value为写入的具体值。注意，writerIndex写入索引指针的自动增加是通过累加运算符（++）实现的。
- 第08行代码中，通过this返回该方法的函数指针。

ByteBuf 类除定义了 writeByte()方法外，还定义了一个类似的 writeBytes()方法用于写入字节，二者有所区别。

下面，这段代码是通过调用 writeBytes()方法写入 ByteBuf 对象中字节数组的一种方法。

【代码4-12】（向ByteBuf对象写入字节数组）

```
01  /* --- ByteBuf: writeBytes() --- */
02  ByteBuf buf;
03  /*
04   * write bytes to buffer
05   */
06  byte[] dest = { 0, 1, 2, 3, 4, 5, 6, 7, 8, 9 };
07  buf.writeBytes(dest);
```

关于【代码 4-12】的说明如下：

- 第02行代码中，定义了一个ByteBuf对象实例（buf）。
- 第06行代码中，定义了一个byte字节类型的数组变量（dest），初始化为0~9的数字。
- 第07行代码中，通过调用ByteBuf类的writeBytes()方法，将字节数组（dest）写入到buf对象实例的缓冲区中。

ByteBuf 类定义了多个 writeBytes()方法的重载形式，我们看一下【代码 4-12】中调用的

writeBytes()方法在 Netty 源码中是如何实现的，请看下面的代码（以下代码节选自最新的 Netty 4.x 版本中的 AbstractByteBuf.class 文件，为了阅读方便略作了一些删减改动）。

【代码4-13】（详见Netty源代码中AbstractByteBuf.class文件）

```
01  /* --- AbstractByteBuf.class --- */
02  /*
03   * ByteBuf: writeBytes(byte[] src) method
04   */
05  public ByteBuf writeBytes(byte[] src) {
06    // TODO: call writeBytes(ByteBuf src, int srcIndex, int length) method
07    this.writeBytes((byte[])src, 0, src.length);
08    return this;
09  }
10  /*
11   * ByteBuf: writeBytes(ByteBuf src, int srcIndex, int length) method
12   */
13  public ByteBuf writeBytes(ByteBuf src, int srcIndex, int length) {
14    this.ensureWritable(length); // TODO: ensure buffer has enough length writable
15    this.setBytes(this.writerIndex, src, srcIndex, length); // TODO: setBytes
16    this.writerIndex += length; // TOOD: update writerIndex
17    return this;
18  }
```

关于【代码 4-13】的说明如下：

- 第05~09行代码中实现的writeBytes()方法，正是【代码4-12】中第07行代码调用的形式。注意，在其内部是通过第07行代码直接调用了readBytes()方法的另一种重载形式。
- 第13~18行代码中实现的writeBytes()方法，正是上面第07行代码调用的writeBytes()方法的重载形式，具体说明如下：
    - 第14行代码中，通过调用ensureWritable()方法判断Buffer中是否有长度为length的可写入字节。
    - 第15行代码中，通过调用ByteBuf类底层的setBytes()方法读取可读的字节。
    - 第16行代码中，将writerIndex写入索引指针的值增加length，相当于实现了自动增加操作。
    - 第17行代码中，通过this返回该方法的函数指针。

5. 索引标记与重置

在前文中，我们已经介绍了通过 readerIndex(index)方法可以修改 readerIndex 读取索引指针的值，通过 writerIndex(index)方法可以修改 writerIndex 写入索引指针的值。

ByteBuf 类还专门为索引定义了一组标记（mark）和重置（reset）方法，帮助开发人员管理 readerIndex 读取索引指针和 writerIndex 写入索引指针，具体方法介绍如下：

- markReaderIndex()：标记读取索引指针，标记之后通过resetReaderIndex()方法重置的读取索引指针值就是标记读取索引指针值。
- markWriterIndex()：标记写入索引指针，标记之后通过resetWriterIndex()方法重置的写入索引指针值就是标记写入索引指针的值。
- resetReaderIndex()：重置读取索引指针，如果没有标记（mark）过，则重置为0。
- resetWriterIndex()：重置写入索引指针，如果没有标记（mark）过，则重置为0。

下面，我们看一下这组标记（mark）和重置（reset）方法在 Netty 源码中是如何实现的，请看下面的代码（以下代码节选自最新的 Netty 4.x 版本中的 AbstractByteBuf.class 文件，为了阅读方便略作了一些删减改动）。

【代码4-14】（详见Netty源代码中AbstractByteBuf.class文件）

```
01  /* --- AbstractByteBuf.class --- */
02  private int markedReaderIndex;  // TODO: define markedReaderIndex
03  private int markedWriterIndex;  // TODO: define markedWriterIndex
04  /*
05   * ByteBuf: markReaderIndex() method
06   */
07  public ByteBuf markReaderIndex() {
08      this.markedReaderIndex = this.readerIndex;
09      return this;
10  }
11  /*
12   * ByteBuf: resetReaderIndex() method
13   */
14  public ByteBuf resetReaderIndex() {
15      this.readerIndex(this.markedReaderIndex);
16      return this;
17  }
18  /*
19   * ByteBuf: markWriterIndex() method
20   */
```

```
21  public ByteBuf markWriterIndex() {
22    this.markedWriterIndex = this.writerIndex;
23    return this;
24  }
25  /*
26   * ByteBuf: resetWriterIndex() method
27   */
28  public ByteBuf resetWriterIndex() {
29    this.writerIndex(this.markedWriterIndex);
30    return this;
31  }
```

关于【代码4-14】的说明如下：

- 第02~03行代码中，定义了两个AbstractByteBuf类的私有成员变量（markedReaderIndex和markedWriterIndex），分别用于标记读取索引指针和标记写入索引指针。
- 第07~10行代码是markReaderIndex()标记读取索引指针方法的实现过程。注意，该方法内部的第08行代码，直接将readerIndex索引值赋值给markedReaderIndex变量。
- 第14~17行代码是resetReaderIndex()重置读取索引指针方法的实现过程。注意，该方法内部的第15行代码，仍旧通过调用readerIndex()方法（将markedReaderIndex的值作为参数）来重置读取索引指针。因此，从resetReaderIndex()方法的实现过程可以看到，需要先调用markReaderIndex()方法标记读取索引指针，再调用resetReaderIndex()重置读取索引指针，才会得到预期的效果。
- 第21~24行代码是markWriterIndex()标记写入索引指针方法的实现过程。注意，该方法内部的第22行代码，也是直接将writerIndex索引值赋值给markedWriterIndex变量。
- 第28~31行代码是resetWriterIndex()重置写入索引指针方法的实现过程。注意，该方法内部的第29行代码，仍旧通过调用writerIndex()方法（将markedWriterIndex的值作为参数）来重置写入索引指针。因此，同样需要先调用markWriterIndex()方法标记写入索引指针，才可以调用resetWriterIndex()重置写入索引指针。

6. 索引查询

为了方便开发人员进行查询操作，ByteBuf 类实现了几个基于索引的查询方法，下面具体介绍一下。

首先就是indexOf()系列方法，包括indexOf()方法、firstIndexOf()方法和lastIndexOf()方法，这组方法用于获取指定字节内容的绝对索引指针值，在实际开发中非常有用。

下面，我们看一下这组 indexOf()方法在 Netty 源码中具体是如何实现的，请看下面的代码（以下代码节选自最新的 Netty 4.x 版本中的 AbstractByteBuf.class 文件，为了阅读方便略作了一些删减改动）。

【代码4-15】（详见Netty源代码中AbstractByteBuf.class文件）

```
01  /* --- AbstractByteBuf.class --- */
02  /*
03   * ByteBuf: indexOf(int fromIndex, int toIndex, byte value) method
04   */
05  public int indexOf(int fromIndex, int toIndex, byte value) {
06    return fromIndex <= toIndex ?
07    this.firstIndexOf(fromIndex, toIndex, value) :
08    this.lastIndexOf(fromIndex, toIndex, value);
09  }
10  /*
11   * ByteBuf: firstIndexOf(int fromIndex, int toIndex, byte value) method
12   */
13  private int firstIndexOf(int fromIndex, int toIndex, byte value) {
14    fromIndex = Math.max(fromIndex, 0);
15    if(fromIndex < toIndex && this.capacity() != 0) {
16      this.checkIndex(fromIndex, toIndex - fromIndex);
17      for(int i=fromIndex; i<toIndex; ++i) {
18        if(this._getByte(i) == value) {
19          return i;
20        }
21      }
22      return -1;
23    } else {
24      return -1;
25    }
26  }
27  /*
28   * ByteBuf: lastIndexOf(int fromIndex, int toIndex, byte value) method
29   */
30  private int lastIndexOf(int fromIndex, int toIndex, byte value) {
31    fromIndex = Math.min(fromIndex, this.capacity());
32    if(fromIndex >= 0 && this.capacity() != 0) {
33      this.checkIndex(toIndex, fromIndex - toIndex);
34      for(int i=fromIndex-1; i>=toIndex; --i) {
35        if(this._getByte(i) == value) {
36          return i;
37        }
```

```
38          }
39          return -1;
40      } else {
41          return -1;
42      }
43 }
```

关于【代码4-15】的说明如下：

- 第05~09行代码实现了indexOf()方法，包含有3个参数（fromIndex、toIndex和value），具体说明如下：
    - fromIndex参数表示索引开始位置。
    - toIndex参数表示索引结束位置。
    - value参数表示需要查询的字节内容。
    - 第06~08行代码定义了该方法的返回值，是一个条件表达式。通过该条件表达式可以看到，其实在indexOf()方法内部实际上是通过判断fromIndex参数和toIndex参数的大小，选择调用firstIndexOf()方法或lastIndexOf()方法来实现的。
- 第13~26行代码实现了firstIndexOf()方法（从前向后检索），包含有3个参数（fromIndex、toIndex和value），具体说明如下：
    - 第14行代码中，通过比较fromIndex参数值与0的大小，将二者较大的值重新赋值给fromIndex参数。
    - 第15行代码中，通过if条件语句判断了fromIndex与toIndex的大小以及buf缓冲区的容量是否非空。
    - 第16行代码中，再次通过调用checkIndex()方法检查索引指针及指定区间是否合法。
    - 第17~21行代码中，通过for循环语句检索目标字节的内容，如果检索成功，则返回索引指针值，否则返回数值（-1）。
- 第30~43行代码实现了lastIndexOf()方法（从后向前检索），实现过程与firstIndexOf()方法类似。

还有一个就是经常会使用的 forEachByte()方法，该方法带一个ByteProcessor接口类型的参数，用于获取特定类型内容的绝对索引指针值，在实际开发中非常实用。

关于 forEachByte()方法的重点就是 ByteProcessor 接口，该接口定义了一组特定字节内容的标识符，请看下面的代码（以下代码节选自最新的 Netty 4.x 版本中的 ByteProcessor.class 文件，为了阅读方便略作了一些删减改动）。

【代码4-16】（详见Netty源代码中ByteProcessor.class文件）

```
01  /* --- ByteProcessor.class --- */
02  /*
03   * interface: ByteProcessor
04   */
05  public interface ByteProcessor {
06      ByteProcessor FIND_NUL =
07       new ByteProcessor.IndexOfProcessor((byte)0);
08      ByteProcessor FIND_NON_NUL =
09       new ByteProcessor.IndexNotOfProcessor((byte)0);
10      ByteProcessor FIND_CR =
11       new ByteProcessor.IndexOfProcessor((byte)13);
12      ByteProcessor FIND_NON_CR =
13       new ByteProcessor.IndexNotOfProcessor((byte)13);
14      ByteProcessor FIND_LF =
15       new ByteProcessor.IndexOfProcessor((byte)10);
16      ByteProcessor FIND_NON_LF =
17       new ByteProcessor.IndexNotOfProcessor((byte)10);
18      ByteProcessor FIND_SEMI_COLON =
19       new ByteProcessor.IndexOfProcessor((byte)59);
20      ByteProcessor FIND_COMMA =
21       new ByteProcessor.IndexOfProcessor((byte)44);
22      ByteProcessor FIND_ASCII_SPACE =
23       new ByteProcessor.IndexOfProcessor((byte)32);
24      ByteProcessor FIND_CRLF = new ByteProcessor() {
25          public boolean process(byte value) {
26              return value != 13 && value != 10;
27          }
28      };
29      ByteProcessor FIND_NON_CRLF = new ByteProcessor() {
30          public boolean process(byte value) {
31              return value == 13 || value == 10;
32          }
33      };
34      ByteProcessor FIND_LINEAR_WHITESPACE = new ByteProcessor() {
35          public boolean process(byte value) {
36              return value != 32 && value != 9;
37          }
38      };
```

```
39      ByteProcessor FIND_NON_LINEAR_WHITESPACE = new ByteProcessor() {
40          public boolean process(byte value) {
41              return value == 32 || value == 9;
42          }
43      };
44  }
```

关于【代码 4-16】的说明如下：

- ByteProcessor接口定义了一组常用的ASCII常量，基本都是用来标识比较常用的控制符和特殊字符。使用时，只要引入ByteProcessor接口定义一个ByteProcessor对象实例即可。

下面，我们看一下 forEachByte()方法在 Netty 源码中具体是如何实现的，请看下面的代码（以下代码节选自最新的 Netty 4.x 版本中的 AbstractByteBuf.class 文件，为了阅读方便略作了一些删减改动）。

【代码4-17】（详见Netty源代码中AbstractByteBuf.class文件）

```
01  /* --- AbstractByteBuf.class --- */
02  /*
03   * ByteBuf: forEachByte(ByteProcessor processor) method
04   */
05  public int forEachByte(ByteProcessor processor) {
06    this.ensureAccessible();
07    try {
08      return this.forEachByteAsc0(
09        this.readerIndex,
10        this.writerIndex,
11        processor
12      );
13    } catch (Exception var3) {
14      PlatformDependent.throwException(var3);
15      return -1;
16    }
17  }
18  /*
19   * ByteBuf: forEachByteAsc0(
20   * int start,
21   * int end,
22   * ByteProcessor processor) method
23   */
24  int forEachByteAsc0(
```

```
25      int start,
26      int end,
27      ByteProcessor processor) throws Exception {
28      while(start < end) {
29        if(!processor.process(this._getByte(start))) {
30          return start;
31        }
32        ++start;
33      }
34      return -1;
35    }
```

关于【代码 4-17】的说明如下：

- 第05~17行代码定义实现了forEachByte()方法，包含有一个ByteProcessor接口类型参数。在该方法内部。第08~12行代码是通过调用一个forEachByteAsc0()方法来实现的。
- 第24~35行代码是forEachByteAsc0()方法的实现过程，在开始（start）和结束（end）区间内检索查询指定内容。其中，第29~31行代码通过调用ByteProcessor接口的process()方法判断是否检索到目标内容，如果判断成功，就返回当前索引指针的值。

最后一个也是经常会使用的bytesBefore()方法，用于确定首个特定字节的相对位置（相对于读取索引指针的值），在实际开发中非常实用。关于bytesBefore()方法的具体实现，请看下面的代码（以下代码节选自最新的 Netty 4.x 版本中的 ByteProcessor.class 文件，为了阅读方便略作了一些删减改动）。

【代码4-18】（详见Netty源代码中ByteProcessor.class文件）

```
01  /* --- ByteProcessor.class --- */
02  /*
03   * ByteBuf: bytesBefore(byte value) method
04   */
05  public int bytesBefore(byte value) {
06    return this.bytesBefore(this.readerIndex(), this.readableBytes(), value);
07  }
08  /*
09   * ByteBuf: bytesBefore(int length, byte value) method
10   */
11  public int bytesBefore(int length, byte value) {
12    this.checkReadableBytes(length);
13    return this.bytesBefore(this.readerIndex(), length, value);
14  }
```

```
15  /*
16   * ByteBuf: bytesBefore(int index, int length, byte value) method
17   */
18  public int bytesBefore(int index, int length, byte value) {
19    int endIndex = this.indexOf(index, index + length, value);
20    return endIndex < 0 ? -1 : endIndex - index;
21  }
```

关于【代码4-18】的说明如下：

- 第05~07行代码定义实现了第一种bytesBefore()方法，包含有一个byte字节类型参数。
- 第11~14行代码定义实现了第二种bytesBefore()方法，包含有两个参数：一个int整型参数和一个byte字节类型参数。
- 实际上，第05~07行代码定义的方法和第11~14行代码定义的方法都是bytesBefore()方法的重载形式。在这两个方法中，都是通过调用第三种bytesBefore()方法的重载形式实现具体功能的。其中，第06行代码和第13行代码都是通过调用readerIndex()方法获取了读取索引指针值。
- 第18~21行代码定义实现的就是第三种bytesBefore()方法的重载形式，包含有三个参数：一个int整型参数（index），表示readerIndex读取索引指针值；一个int整型参数（length），表示缓冲区长度；还有一个byte字节类型参数（value），表示索引目标值。具体说明如下：
  - 第19行代码中，通过调用indexOf()方法检索从开始位置（index）到结束位置（index + length）区间内检索查询指定内容（value）的索引指针值（保存在变量endIndex中）。
  - 第20行代码中，如果计算结果有效，则返回值（endIndex - index），表示检索到的首个特定字节与readerIndex读取索引指针的相对位置数值。

7. ByteBuf缓冲区拷贝与衍生缓冲区

如果开发人员需要已有的 ByteBuf 缓冲区的全新副本，可以使用 copy()方法创建拷贝。ByteBuf 还设计了一个"衍生缓冲区"的概念，其与拷贝类似，但有所区别。

"衍生缓冲区"是一个专门用来展示 ByteBuf 缓冲区内容的"视图"，这个视图通常由 ByteBuf 提供的 duplicate()方法、slice()方法、readOnly()方法或 order()方法创建。这组方法都会返回一个新的 ByteBuf 对象实例，该实例包括自身的 readerIndex 读取索引指针和 writerIndex 写入索引指针。不过，在实际内部的数据存储结构中，其实是共享同一个物理内存的。这样就保证了"衍生缓冲区"在创建和修改其内容时的开销更小。

由此可见，ByteBuf 缓冲区拷贝与"衍生缓冲区"非常类似"深拷贝"与"浅拷贝"的概念。ByteBuf 缓冲区拷贝相当于创建了一个新的独立副本，而"衍生缓冲区"仅仅是创建了一个指向缓冲区地址的指针。

下面，我们看一下 ByteBuf 缓冲区拷贝与"衍生缓冲区"的使用方法，具体代码如下。

【代码4-19】（ByteBuf缓冲区拷贝与"衍生缓冲区"）

```
01  // TODO: Charset UTF-8
02  Charset utf8 = Charset.forName("UTF-8");
03  // TODO: Unpooled Buffer
04  ByteBuf buf = Unpooled.copiedBuffer("Netty is wonderful!", utf8);
05  // TODO: Buffer copy()
06  ByteBuf copy = buf.copy(0, 15);
07  // TODO: Buffer slice()
08  ByteBuf sliced = buf.slice(0, 15);
09  // TODO: Buffer setByte()
10  buf.setByte(0, (byte) 'M');
11  // TODO: assert is false
12  assert buf.getByte(0) == copy.getByte(0);
13  // TODO: assert is true
14  assert buf.getByte(0) == sliced.getByte(0);
```

关于【代码4-19】的说明如下：

- 第04行代码中，定义了一个非池化的ByteBuf对象实例（buf），并初始化了一段字符串。
- 第06行代码中，通过调用copy()方法创建了一个ByteBuf缓冲区拷贝的对象实例（copy）。
- 第08行代码中，通过调用slice()方法创建了一个ByteBuf的"衍生缓冲区"对象实例（sliced）。
- 第10行代码中，通过调用setByte()方法将索引位置（0）的字节内容修改为'M'。
- 第12行代码定义了第一个断言语句，判断copy对象实例缓冲区中索引位置（0）的内容与buf对象实例缓冲区中同样位置的内容是否相等，由于copy对象实例是一个ByteBuf缓冲区拷贝，因此判断结果为"否"。
- 第14行代码中，定义了第二个断言语句，判断sliced对象实例缓冲区中索引位置（0）的内容与buf对象实例缓冲区中同样位置的内容是否相等，由于sliced对象实例是一个ByteBuf的"衍生缓冲区"，因此判断结果为"真"。

8. ByteBuf底层读写操作

ByteBuf底层的读/写操作主要包括以下两类方法：

- get()/set()系列方法操作从给定的索引开始，保持不变。
- read()/write()系列方法操作从给定的索引开始，会递增当前的读取索引指针值或写入索引指针值。

关于get()/set()系列方法的使用，请参看下面的代码。

【代码4-20】

```
01  // TODO: Charset UTF-8
02  Charset utf8 = Charset.forName("UTF-8");
03  // TODO: Unpooled Buffer
04  ByteBuf buf = Unpooled.copiedBuffer("Netty is wonderful!", utf8);
05  // TODO: Buffer readerIndex()
06  int readerIndex = buf.readerIndex();
07  // TODO: Buffer writerIndex()
08  int writerIndex = buf.writerIndex();
09  // TODO: Buffer writeByte()
10  buf.writeByte((byte)'M');
11  // TODO: assert is true
12  assert readerIndex == buf.readerIndex();
13  // TODO: assert is false
14  assert writerIndex == buf.writerIndex();
```

关于【代码4-20】的说明如下：

- 第04行代码中，定义了一个非池化的ByteBuf对象实例（buf），并初始化了一段字符串。
- 第06行代码中，通过调用readerIndex()方法获取了buf对象实例的readerIndex读取索引指针位置。
- 第08行代码中，通过调用writerIndex()方法获取了buf对象实例的writerIndex写入索引指针位置。
- 第10行代码中，通过调用writeByte()方法在buf对象实例的当前writerIndex写入索引指针位置写入了新内容（'M'）。
- 第12行代码定义了第一个断言语句，判断buf对象实例当前读取索引指针位置与第06行代码保存的读取索引指针位置是否相等，由于之前未修改readerIndex读取索引指针，因此判断结果为"真"。
- 第14行代码定义了第二个断言语句，判断buf对象实例当前写入索引指针位置与第08行代码保存的写入索引指针位置是否相等，由于第10行代码调用的writeByte()方法会增加writerIndex写入索引指针的值，因此判断结果为"否"。

4.3 Netty 内存管理辅助类

本节再介绍几个 Netty 内存管理的辅助类，具体包括 ByteBufAllocator 接口（负责内存分配）、Unpooled 类（负责非池化的缓存）、ByteBufHolder 接口（负责管理内存池）、ReferenceCounted 类（引用计数器）以及 ByteBufUtil 类（静态辅助工具类）等。

4.3.1 ByteBufAllocator 内存分配

Netty 为了减少分配和释放内存的开销，设计了一个 ByteBufAllocator 接口来实现管理池，这个池子可以分配任何定义的 ByteBuf 对象实例，ByteBufAllocator 其实是一个字节缓冲区分配器。按照 Netty 缓冲区实现方式的不同，可以分为基于内存池的字节缓冲区分配器和普通的字节缓冲区分配器这两种方式。

如何获取一个 ByteBufAllocator 的引用呢？有两种方式可以实现，第一种就是从 Channel 上获取；第二种就是通过绑定 ChannelHandler 中的 ChannelHandlerContext 上下文来获取。具体代码如下：

【代码4-21】

```
01  /*
02   * get ByteBufAllocator from Channel
03   */
04  Channel channel;
05  ByteBufAllocator allocator = channel.alloc();
06  /*
07   * get ByteBufAllocator from ChannelHandlerContext
08   */
09  ChannelHandlerContext ctx;
10  ByteBufAllocator allocator2 = ctx.alloc();
```

关于【代码 4-21】的说明如下：

- 第 05 行代码中，实现的就是从 Channel 上获取 ByteBufAllocator，具体是通过调用 Channel 上的 alloc() 方法来操作的。
- 第 10 行代码中，实现的就是通过 ChannelHandlerContext 上下文来获取 ByteBufAllocator，同样是通过调用 ChannelHandlerContext 上的 alloc() 方法来操作的。

Netty 设计了 PooledByteBufAllocator（池化）和 UnpooledByteBufAllocator（非池化）两种

方式来实现 ByteBufAllocator 接口。

PooledByteBufAllocator 通过池化存储 ByteBuf 来提高性能和减少内存碎片的出现，这种技术目前已经广泛应用在各大主流操作系统中了。例如，jemalloc 高效分配管理内存算法就是其中之一。

UnpooledByteBufAllocator 则是通过没有池化存储 ByteBuf 的实例，具体就是每次调用均会返回一个新的实例。

Netty 内存管理中默认使用的就是 PooledByteBufAllocator（池化）方式，开发人员可以通过修改 ChannelConfig 参数，或者通过在项目中 bootstrap 时指定特定的不同类型来改变这个默认值。

4.3.2 Unpooled 负责非池化缓存

当未引用 ByteBufAllocator 接口时，通过 Channel 或 ChannelHandlerContext 方式无法访问到 ByteBuf。此时，Netty 提供了一个被称为 Unpooled 的实用工具类，其提供了静态辅助方法来创建非池化的 ByteBuf 实例。

对于非联网的项目，Unpooled 类的作用会愈发明显。使用 Unpooled 可以更容易地获取 ByteBuf API，并获得一个高性能的可扩展缓冲 API，同时不需要使用 Netty 的其他功能。

4.3.3 ByteBufHolder 接口设计

如果有了解过关于 HTTP 响应的知识点，会发现其除了包括具体的内容字段之外，还会包括状态码和 cookies 等字段。因此，表示 HTTP 响应的数据结构既要有具体的数据，还要包括各种预定义的属性值。针对上述场景，Netty 内存管理设计了一个 ByteBufHolder 接口进来处理。

除此之外，ByteBufHolder 接口还提供了 Netty 内存管理的一些高级功能。最常用的功能就是缓冲池，其保存实际数据的 ByteBuf 可以从缓冲池中借取，如果需要还可以自动释放。

ByteBufHolder 接口提供了几个常用的方法，下面看一下 ByteBufHolder 接口在 Netty 源码中的实现（以下代码节选自最新的 Netty 4.x 版本中的 DefaultByteBufHolder.class 文件，为了阅读方便略作了一些删减改动）。

【代码4-22】（详见Netty源代码中DefaultByteBufHolder.class文件）

```
01  /* --- DefaultByteBufHolder.class --- */
02  /*
03   * DefaultByteBufHolder class
04   */
05  public class DefaultByteBufHolder implements ByteBufHolder {
06      private final ByteBuf data; // TODO: define data prop
```

```
07    /*
08     * DefaultByteBufHolder: constructor
09     */
10    public DefaultByteBufHolder(ByteBuf data) {
11      this.data = (ByteBuf)ObjectUtil.checkNotNull(data, "data");
12    }
13    /*
14     * DefaultByteBufHolder: content()
15     */
16    public ByteBuf content() {
17      if(this.data.refCnt() <= 0) {
18        throw new IllegalReferenceCountException(this.data.refCnt());
19      } else {
20        return this.data;
21      }
22    }
23    /*
24     * DefaultByteBufHolder: refCnt()
25     */
26    public int refCnt() {
27      return this.data.refCnt();
28    }
29    /*
30     * DefaultByteBufHolder: copy()
31     */
32    public ByteBufHolder copy() {
33      return this.replace(this.data.copy());
34    }
35    /*
36     * DefaultByteBufHolder: replace()
37     */
38    public ByteBufHolder replace(ByteBuf content) {
39      return new DefaultByteBufHolder(content);
40    }
41  }
```

关于【代码 4-22】的说明如下：

- 第05行代码中，可以看到DefaultByteBufHolder类实现了ByteBufHolder接口。
- 第06行代码中，定义了一个ByteBuf类型的私有成员变量（data），用于存储数据。
- 第10~12行代码中，定义了DefaultByteBufHolder类的构造方法，用于初始化

DefaultByteBufHolder类的成员变量（data）。
- 第16~22行代码中，定义了一个content()方法用于获取ByteBuf的存储数据，具体说明如下：
    - 第17行代码中，首先判断了一下成员变量（data）的引用计数（参考第26~28行代码）。
    - 如果成员变量（data）存在还没有被回收，则直接返回成员变量（data），相当于返回ByteBuf的存储数据。
- 第32~34行代码中，定义了一个copy()方法用于生成一个ByteBufHolder类型的拷贝（但不共享其数据），具体通过调用DefaultByteBufHolder类的replace()方法来实现。
- 第38~40行代码是replace()方法的实现过程，从具体操作方法来分析就是将ByteBuf类型的参数（content）强制转换为DefaultByteBufHolder类型后再返回，其实就是生成一个ByteBufHolder类型的拷贝。

4.3.4 ReferenceCounted 引用计数器

从 Netty 4.x 版本开始，ByteBuf 和 ByteBufHolder 两者都引入了 ReferenceCounted 接口（引用计数器）。在前一小节关于 ByteBufHolder 接口的内容中，已经介绍了引用计数器的使用。

其实，关于引用计数器的概念本身并不复杂，其能够在指定对象上跟踪被引用的次数。在 Netty 中，如果实现了 ReferenceCounted 引用计数器的类，其对象实例通常开始于一个活动的引用计数器（值为1）。如果对象实例的活动引用计数器值大于 0，就保证不会被释放。只有当活动引用计数器值减少到 0 时，该对象实例就会被释放（在内存中不可以再被引用）。

如何使用 ReferenceCounted 引用计数器呢？请看下面的代码。

【代码4-23】

```
01  /*
02   * create ByteBufAllocator from Channel
03   */
04  Channel channel;
05  ByteBufAllocator allocator = channel.alloc();
06  /*
07   * assert ReferenceCounted
08   */
09  ByteBuf buffer = allocator.directBuffer();
10  assert buffer.refCnt() == 1;
11  /*
12   * release ReferenceCounted
13   */
```

```
14  ByteBuf buffer;
15  boolean released = buffer.release();
```

关于【代码 4-23】的说明如下：

- 第10行代码中，由于ByteBuf实现了ReferenceCounted引用计数器，因此可以通过调用refCnt()方法测试可用的引用计数器值是否为1。
- 第15行代码中，通过调用release()方法将会递减对象实例的引用计数器值。当这个引用计数器值为0时，表明对象实例已被释放，同时release()方法返回布尔值"真（true）"。

4.3.5 ByteBufUtil 接口设计

ByteBufUtil 静态辅助工具类主要用来操作 ByteBuf 对象实例。同时，ByteBufUtil 类的 API 是通用的，且与使用池无关，因为该类的方法已经在 ByteBufAllocator 类中实现了。

ByteBufUtil 对于 Netty 内存管理来说是一个非常有用的工具类，其提供了一组静态方法用于操作 ByteBuf 对象实例，这里面有最有用的就是对字符串的编码和解码方法，具体如下：

- encodeString(ByteBufAllocator alloc, CharBuffer src, Charset charset)：对需要编码的字符串 src 按照指定的字符集 charset 进行编码，利用指定的 ByteBufAllocator 生成一个新的 ByteBuf。
- decodeString(ByteBuffer src, Charset charset)：使用指定的 ByteBuffer 和 charset 对 ByteBuffer 进行解码，获取解码后的字符串。

还有一个非常有用的方法就是 hexDump()，该方法能够将参数 ByteBuf 的内容以十六进制字符串的方式打印出来，可以用于日志打印输出，方便定位问题以及提升系统的可维护性。

4.4 Netty 实现"零拷贝"

Netty 内存管理的一项重要特征就是实现了"零拷贝"。那么什么是"零拷贝"呢？这里首先要明确的一点就是，"零拷贝"不是 Netty 所独有的概念，而是一个较为通用的概念。

"零拷贝"（英文原名：Zero-copy）的原意是指计算机在数据拷贝的操作过程中，CPU 不需要为数据在内存之间的拷贝而消耗资源。目前，"零拷贝"这个概念也出现在了计算机网络领域，其通常是指计算机在网络上发送数据时，不需要将传输数据拷贝到用户空间（User Space），而是直接在内核空间（Kernel Space）中进行传输的网络方式。

为了更好地介绍计算机网络"零拷贝"，先看一下计算机网络传统方式的数据传输过程，通过对比来发现各自性能之间的优劣。图 4.11 描述的就是计算机网络传统方式的数据传输过程。

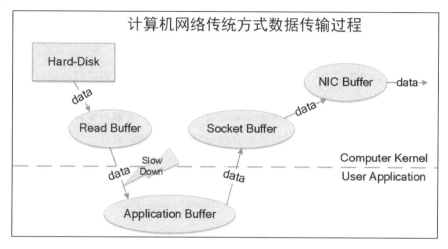

图 4.11　计算机网络传统方式的数据传输过程

如图 4.11 所示，在计算机网络传统方式的数据传输过程中，由于数据需要从内核空间传输到用户空间，因此减缓了数据传输的速度，增加了数据拷贝时的资源消耗。

下面来看一下计算机网络"零拷贝"的数据传输过程，如图 4.12 所示。

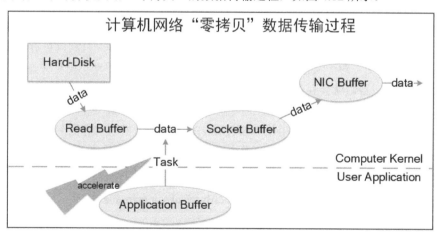

图 4.12　计算机网络"零拷贝"的数据传输过程

如图 4.12 所示，"零拷贝（Zero-copy）"方式避免了数据在用户空间和内存空间之间的拷贝，从而提高了系统的整体性能。

"零拷贝"可以有效避免数据经过用户空间。假如需要将数据包通过网络从终端 A 发送到终端 B，先需要在终端 A 将数据包从内核空间复制到用户空间，然后通过网络（套接字 Socket）传输到终端 B 的内核空间，最后由终端 B 的用户空间具体处理。"零拷贝"的作用就是省去了在终端 A 将数据包从内核空间复制到用户空间的过程。

在 Java NIO 中，FileChannel.transferTo()方法实现了"零拷贝"的功能。而在 Netty 4.x 版本中，是通过在 FileRegion 中包装了 NIO 的 FileChannel.transferTo()方法实现了"零拷贝"的功能。

另外，在 Netty 中还实现了另一种形式的"零拷贝"，即通过将多段数据合并为一整段虚拟数据供用户使用，整个过程不需要对数据进行拷贝操作。例如，在基于 Stream-based Transport 的 TCP/IP 传输过程中，单一数据包有可能会被拆分并重新封装在不同的数据包中。在实际应用中，有时一条完整的消息在网络中会被分割为多个数据包进行传输，被拆分的各个数据包对于接受方来说是没有实际意义的，只有当这些被拆分的数据包重新拼接成原始消息后才有意义。Netty 针对这种情况给出了解决方案，可以通过"零拷贝"的方式将这些被拆分的数据包重新拼接成原始消息以便进行处理。

4.5 Netty 内存泄漏检测机制

Netty 内存泄漏检测机制是其能够成为高效网络框架的主要原因之一。Netty 框架主要通过直接使用内存的方式，避免了接受 JVM 的 GC 机制的控制。

我们知道，直接使用内存的操作与 C 语言中内存的分配（malloc）与释放（free）操作类似，需要开发人员进行手动分配内存和回收内存的操作。而 JVM 的 GC 机制只负责回收内存中堆（Heap）上的对象引用，对于直接使用内存方式需要在回收缓存前手动调用相关方法（如 release()方法）去释放内存，否则就会存在内存泄漏的风险。因此，对于在 Netty 框架中使用直接内存时，就引入了内存泄漏检测机制，以便开发者及时发现内存的泄漏。

在 Netty 内存管理中，通常调用 toLeakAwareBuffer()方法实现内存泄漏的检测机制，该方法具体定义在 AbstractByteBufAllocator 类中（以下代码节选自最新的 Netty 4.x 版本中的 AbstractByteBufAllocator.class 文件，为了阅读方便略作了一些删减改动）。

【代码4-24】（详见Netty源代码中AbstractByteBufAllocator.class文件）

```
01  /* --- AbstractByteBufAllocator.class --- */
02  protected static ByteBuf toLeakAwareBuffer(ByteBuf buf) {
03    ResourceLeakTracker leak;
04    /*
05     * 根据检测类别创建不同类型的内存泄漏检测器
06     */
07    switch(ResourceLeakDetector.getLevel()) {
08      case SIMPLE:
```

```
09      leak = AbstractByteBuf.leakDetector.track(buf);
10      if(leak != null) {
11        buf = new SimpleLeakAwareByteBuf((ByteBuf)buf, leak);
12      }
13    break;
14    case ADVANCED:
15    case PARANOID:
16      leak = AbstractByteBuf.leakDetector.track(buf);
17      if(leak != null) {
18        buf = new AdvancedLeakAwareByteBuf((ByteBuf)buf, leak);
19      }
20    break;
21  }
22  return (ByteBuf)buf;
23 }
```

关于【代码4-24】的说明如下：

- 第09行代码中，通过资源检测器调用track()方法监控buffer缓存的使用。
- 第11行代码中，通过监视器将buffer变量进行包装。

参考【代码4-24】中的第09行代码，内存监控buf对象是通过调用leakDetector对象的track()方法进行的，并将对应检测器包装至buf对象以监控使用状态。在对buf对象包装时，会根据具体的监控级别对应不同的包装类，具体的监控实现主要通过ResourceLeakDetector类来完成。

在Netty框架中，负责内存监控的track()方法定义在util工具包中的ResourceLeakDetector类中（以下代码节选自最新的Netty 4.x版本中的ResourceLeakDetector.class文件，为了阅读方便略作了一些删减改动）。

【代码4-25】（详见Netty源代码中AbstractByteBufAllocator.class文件）

```
01 /* --- ResourceLeakTracker.class --- */
02 public final ResourceLeakTracker<T> track(T obj) {
03   return this.track0(obj);
04 }
05 private ResourceLeakDetector.DefaultResourceLeak track0(T obj) {
06   ResourceLeakDetector.Level level = ResourceLeakDetector.level;
07   if (level == ResourceLeakDetector.Level.DISABLED) {
08     return null;
09   } else if (level.ordinal() < ResourceLeakDetector.Level.PARANOID.ordinal()){
10     if
```

```
   (PlatformDependent.threadLocalRandom().nextInt(this.samplingInterval) == 0) {
11       this.reportLeak();
12       return new ResourceLeakDetector.DefaultResourceLeak(
13         obj,
14         this.refQueue,
15         this.allLeaks
16       );
17     } else {
18       return null;
19     }
20   } else {
21     this.reportLeak();
22     return new ResourceLeakDetector.DefaultResourceLeak(
23       obj,
24       this.refQueue,
25       this.allLeaks
26     );
27   }
28 }
```

关于【代码4-25】的说明如下：

- 第02~04行代码中，定义了ResourceLeakDetector类的track()监控方法。其中，第03行代码表示具体实现在track0()方法中。
- 第05~28行代码中，定义了ResourceLeakDetector类的track0()方法，该方法以固定的间隔去报告buf内存使用状态，同时返回buf对应的检测器。其中，第11行和第21行代码分别调用了reportLeak()方法，用于报告内存泄漏的具体状态。

参考【代码4-25】中的第11行和第21行代码，reportLeak()方法同样定义在util工具包中的ResourceLeakDetector类中（以下代码节选自最新的Netty 4.x版本中的ResourceLeakDetector.class文件，为了阅读方便略作了一些删减改动）。

【代码4-26】（详见Netty源代码中AbstractByteBufAllocator.class文件）

```
01 /* --- ResourceLeakTracker.class --- */
02 private void reportLeak() {
03   if(!logger.isErrorEnabled()) {
04     this.clearRefQueue();
05   } else {
06     while(true) {
07       ResourceLeakDetector.DefaultResourceLeak ref =
```

```
08      (ResourceLeakDetector.DefaultResourceLeak)this.refQueue.poll();
09      if(ref == null) {
10        return;
11      }
12      if(ref.dispose()) {
13        String records = ref.toString();
14        if(this.reportedLeaks.add(records)) {
15          if(records.isEmpty()) {
16            this.reportUntracedLeak(this.resourceType);
17          } else {
18            this.reportTracedLeak(this.resourceType, records);
19          }
20        }
21      }
22    }
23  }
24 }
```

关于【代码4-26】的说明如下：

- 第14行、第16行和第18行代码分别调用reportedLeaks()方法、reportUntracedLeak()方法和reportTracedLeak()方法，实现了内存泄漏的追踪过程。

4.6 小结

本章主要介绍了 Netty 内存管理技术，内容具体包括内存管理基础、内存管理方法及其主要类、ByteBuf 类的介绍及其使用、零拷贝的实现和内存泄漏检测等。

第 5 章

Netty 传输功能

任何一个网络编程框架，最终的目标都是要将数据从一个节点发向另一个节点，这个节点可以是个人终端，也可以是网络服务器，这个过程其实就是网络传输。数据通过网络进行传输是网络应用程序通信的本质。

如果了解过 Java 网络编程，就知道 Java 网络编程中有时需要支持的并发连接会比预计的要多很多，假如再遇到从阻塞到非阻塞的传输切换，可能情况会更为复杂。Netty 框架在这方面对传输功能进行了优化改进，相比使用 Java NIO 来说更简单。开发人员无须重构整个代码库，这样就可以把更多的精力放在业务逻辑中，极大地提高了开发效率。

本章重点介绍 Netty Transport（传输）的功能和用例。学习完这些内容后，你将知道如何使用 Netty 传输（Transport）来开发网络应用。

本章主要包括以下内容：

- Netty Transport 基础
- Netty Transport API
- Netty Transport 应用

5.1　Netty Transport 基础

Netty Transport 针对 JDK 的功能进行了升级与整合，我们知道 Java NIO（java.nio）与 Java

OIO（java.oio）各自设计的网络编程 API 差异很大，所以造成了代码移植的烦琐和困难。

Netty Transport 在 NIO 和 OIO 的设计上实现了接口 API 的统一，所以使用 Netty 框架设计 NIO 程序时，只需稍作修改就可以移入到 OIO 程序中。这也是使用 Netty Transport 的优势之一。

5.2　Netty Transport 传输方式

本节主要介绍 Netty Transport 所支持的传输方式，具体就是 NIO 与 OIO 的传输方式。

5.2.1　NIO 方式

NIO（Non Blocking I/O）是网路传输中最常用的方式，通过选择器提供完全异步的方式操作所有的 I/O。Netty Trasport 中的 NIO 方式通常用在高并发、高连接的场景下，性能十分优异。

Netty Transport 的 NIO 方式由 Netty 框架的 io.netty.channel.socket.nio 包提供支持，它基于 Java NIO 的 java.nio.channels 包实现，通过使用选择器作为基础实现。具体实现的功能如下：

- NioServerSocketChannel：用于TCP协议的服务端。
- NioSocketChannel：用于TCP协议的客户端。
- NioDatagramChannel：用于UDP协议。

5.2.2　OIO 方式

OIO（Old Blocking I/O）其实就是阻塞 I/O 操作，是一种面向流的 I/O 操作。OIO 是基于阻塞流为基础实现的同步流操作方式，虽然是老的 I/O 方案，但还是有一定使用场景的。OIO 方式通常使用在需要阻塞 I/O、需要低延迟的使用场景，同时该场景只需要低并发、低连接数。

Netty Transport 的 OIO 方式是由 Netty 框架的 io.netty.channel.socket.oio 包提供支持，它是基于 java.net 包、通过使用阻塞流作为基础来实现的。具体实现的功能如下：

- OioServerSocketChannel：用于TCP协议的服务端。
- OioSocketChannel：用于TCP协议的客户端。
- OioDatagramChannel：用于UDP协议。

5.2.3 Local 本地方式

Netty Transport 的 Local 本地方式是由 Netty 框架的 io.netty.channel.local 包提供支持，默认实现为 LocalChannel。

Local 本地传输方式主要用于在 JVM 虚拟机之间进行本地通信。

5.2.4 Embedded 嵌入方式

Netty Transport 的 Embedded 嵌入方式由 Netty 框架的 io.netty.channel.embedded 包提供支持，默认实现为 EmbeddedChannel。

Embedded 嵌入传输方式允许嵌入一个 ChannelHandler 到另一个 ChannelHandler 的传输，Embedded 方式通常用于测试 ChannelHandler 的实现。

5.3 Netty Transport API

Netty Transport API 的核心是 Channel 接口，主要用于所有的出站操作。本节将具体介绍 Netty Transport API 是如何工作的。

5.3.1 Channel 接口原理

Netty Transport API 的核心是 Channel 接口，图 5.1 展示了 Channel 接口的层次关系与结构组成。

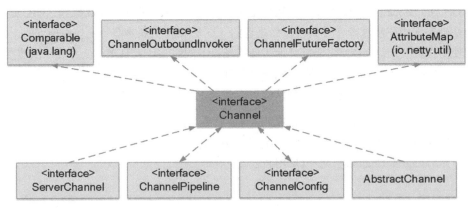

图 5.1 Channel 接口架构

每个 Channel 接口都会分配一个 ChannelPipeline 接口和 ChannelConfig 接口。ChannelConfig 接口负责设置并存储 Channel 的配置，并允许在运行期间更新这些配置。对于传输而言，一般有特定的配置设置，可能实现了 ChannelConfig 接口的子类型。

5.3.2 Channel 接口功能

ChannelPipeline 接口容纳了使用的 ChannelHandler 的对象实例，这些 ChannelHandler 实例将处理通道传递的"入站"数据、"出站"数据以及事件。ChannelHandler 实例的实现允许开发人员改变数据状态和传输数据。

获取了 ChannelHandler 后，可以实现一些什么功能呢？下面简单介绍一下。

- 在传输数据的同时，可以将数据从一种格式转换成另一种格式。
- 实现异常通知。
- 当Channel变为active（活动）或inactive（非活动）状态时，获得通知的Channel被注册或注销时将从EventLoop中获得通知。
- 通知用户特定事件。
- 实现了Intercepting Filter（拦截过滤器）设计模式。

在运行时根据需要添加 ChannelHandler 实例到 ChannelPipeline，或者从 ChannelPipeline 中删除 ChannelHandler 实例，这些功能可以帮助开发人员构建高度灵活的 Netty 程序。

注意：访问指定的 ChannelPipeline 和 ChannelConfig 可以在 Channel 接口自身上进行操作。

Channel 接口提供了很多方法，具体如下：

- eventLoop()方法：返回分配给Channel的EventLoop。
- pipeline()方法：返回分配给Channel的ChannelPipeline。
- isActive()方法：返回Channel是否激活。
- localAddress()方法：返回已绑定的本地SocketAddress。
- remoteAddress()方法：返回已绑定的远程SocketAddress。
- write()方法：写数据到远程客户端，数据通过ChannelPipeline传输过去。
- flush()方法：刷新先前的数据。
- writeAndFlush()方法：一个十分有用的组合方法，相当于用户先调用write()方法，而后再调用flush()方法。

5.3.3 Channel 接口应用实例

下面的代码实例演示了如何写数据到远程已连接的客户端，具体如下：

【代码5-1】

```
01  Channel channel; // TODO：定义并获取 channel 对象实例
02  ByteBuf buf = Unpooled.copiedBuffer("Netty Channel", CharsetUtil.UTF_8);
03  ChannelFuture cf = channel.writeAndFlush(buf);
04  cf.addListener(new ChannelFutureListener() {
05      @Override
06      public void operationComplete(ChannelFuture future) {
07          if(future.isSuccess()) {
08              System.out.println("Write successful");
09          } else {
10              System.err.println("Write error");
11              future.cause().printStackTrace();
12          }
13      }
14  });
```

关于【代码5-1】的说明如下：

- 第01行代码中，定义并获取Channel的对象实例（channel）。
- 第02行代码中，创建非池化的ByteBuf对象的数据拷贝。
- 第03行代码中，写数据并刷新。
- 第04行代码中，添加ChannelFutureListener监听事件方法，实现在写操作完成后收到通知的功能。
- 第07~12行代码中，通过调用isSuccess()方法判断写操作是否成功，并根据判断结果完成相应的操作。

Channel 自身是线程安全（thread-safe）的，它可以被多个不同的线程进行安全操作，这与多线程基本是相同的。因为 Channel 是线程安全的，所以可以存储对 Channel 的引用，并使用 Channel 写入数据到远程已连接的客户端。

下面的代码实例演示了一个简单的多线程应用。

【代码5-2】

```
01  final Channel channel; // TODO：定义并获取 channel 对象实例
02  final ByteBuf buf = Unpooled.copiedBuffer(
03          "Netty Channel",
04          CharsetUtil.UTF_8).retain();
05  Runnable writer = new Runnable() {
06      @Override
07      public void run() {
```

```
08          channel.writeAndFlush(buf.duplicate());
09      }
10 };
11 Executor executor = Executors.newCachedThreadPool();
12 /*
13  * write one thread
14  */
15 executor.execute(writer);
16 /*
17  * write another thread
18  */
19 executor.execute(writer);
```

关于【代码 5-2】的说明如下：

- 第01行代码中，定义并获取Channel的对象实例（channel）。
- 第02~04行代码中，创建非池化的ByteBuf对象的数据拷贝，并保存数据。
- 第05~10行代码中，创建Runnable对象实例（write），并通过channel调用写数据并刷新。
- 第11行代码中，获取Executor的引用并使用线程来执行任务（newCachedThreadPool()方法）。
- 第15行代码中，手写一个任务，通过调用execute()方法在一个线程中执行。
- 第19行代码中，手写另一个任务，通过调用execute()方法在另一个线程中执行。

5.4　Netty Transport 协议

Netty 框架并不支持所有的网络传输协议，它只是实现了一些基本传输协议。Netty 应用程序的传输协议依赖的是底层协议，接下来我们就详细介绍一下 Netty 中包含的传输协议。

5.4.1　NIO 传输协议

NIO（Non blocking I/O）传输协议是目前最常用的方式，它通过使用选择器提供完全异步的方式来进行所有的 I/O 操作。在前文中讲过，Netty NIO 包的全名为 io.netty.channel.socket.nio，是基于 java.nio.channels 的工具包。

在 NIO 中，可以注册一个通道或获得某个通道的改变状态，通道状态有下面几种改变：

- 一个新的Channel被接受并已准备好。
- Channel连接完成。

- Channel中有数据并已准备好读取。
- Channel发送数据出去。

在处理完改变状态后需要重新设置其状态，用一个线程来检查是否有已准备好的Channel，如果有，则执行相关事件。这里有可能只同时关注一个注册事件而忽略其他的事件。

具体选择器所支持的操作在 SelectionKey 中定义，内容如下：

- OP_ACCEPT方法：有新连接时得到通知。
- OP_CONNECT方法：连接完成后得到通知。
- OP_REA方法：准备好读取数据时得到通知。
- OP_WRITE方法：写入更多数据到通道时得到通知。

注意：OP_WRITE 方法在大部分时间内是可能的，但也有时 socket 缓冲区会完全填满了。通常发生这种情况的情形是：写数据的速度太快，从而超过了远程节点的处理能力。

图 5.2 详细描述了选择和执行状态改变（Selecting and Processing State Changes）的流程。

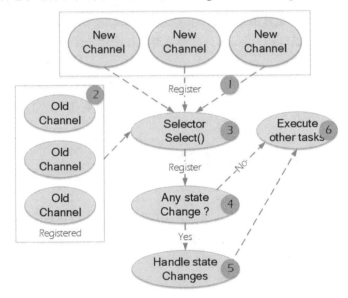

图 5.2　Selecting and Processing State Changes

新建的 Channel 接口对象实例会注册在服务器端的 Selector（选择器）上，那么之前已经注册的 Channel 接口对象实例仍会在 Selector（选择器）上。Selector（选择器）负责选择处理状态变化的通知，Selector（选择器）上的 select()方法是阻塞的，以轮询的方式检查是否有 State（状态）变化，如有变化，则处理所有的状态变化；如无变化，则在同一个线程上执行其他任务。

5.4.2 OIO 传输协议

OIO（Old Blocking I/O）其实就是阻塞 I/O 操作，是一种面向流的 I/O 操作。在 Netty 框架中，OIO 传输协议是一种折中方案的实现。为什么这么说呢？因为 OIO 传输协议通过使用了 Netty 框架的通用 API 进行访问，但却不是异步方式的，而是构建在 java.net 阻塞方式上实现的。

看到上面的介绍，可能大多数人会认为 OIO 传输协议没有什么优势，在设计方式上比较鸡肋。不过，OIO 传输协议也是有实实在在的应用场景的。假设设计端口使用阻塞的调用库（如 JDBC 库），那么其可能不适合非阻塞的。相反地，我们可以在短期内使用 OIO 传输协议方式，然后移植到纯异步的传输方式上。下面举一个具体的例子。

对于 java.net 的 API，通常会建立一个线程用于在 ServerSocket 上监听新连接的到达，然后再创建一个新的线程来处理这个新的 Socket（套接字）。其实这个步骤是程序化的，因为针对一个特定 socket（套接字）的每个 I/O 操作，可能都会阻塞在任何一个时间点上。而在一个线程上处理多个 socket（套接字）更会造成阻塞操作，因为一个 socket（套接字）占用了所有其他的资源。

针对上面描述的情况，Netty 框架是如何使用相同的 API 来支持 NIO 异步传输的呢？具体方案是 Netty 框架利用了 SO_TIMEOUT（套接字超时）标志，该标志可以设置在一个 socket（套接字）上。这里的 timeout 指定了最大毫秒数量，用于设定等待 I/O 操作完成的最长时间。如果操作在指定的时间内失败，就会被抛出 SocketTimeoutException 异常。然后 Netty 框架在捕获该异常后会继续处理循环，在接下来的事件循环运行中会再次尝试，周而复始。此时，Netty 的异步架构用来支持 OIO 传输协议方式是唯一的办法，当 SocketTimeoutException 异常抛出时，Netty 框架会执行 stack trace（栈追踪）。

图 5.3 详细描述了 OIO 传输协议方式执行逻辑（OIO-Processing logic）的流程。

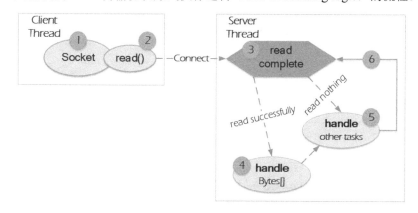

图 5.3　OIO-Processing logic

客户端线程创建 Socket（套接字），并调用 Socket（套接字）上的读方法（read()）连接到服务器端，这个读操作有可能会阻塞。在服务器端的读操作完成后，可能会出现两种情况。第一种情况就是成功读到了有效字节内容，在处理完成这些字节内容后，将控制权提交到 Socket（套接字）上继续去执行其他任务。第二种情况就是什么内容也没读到，此时仍会将控制权提交到 Socket（套接字）上继续去执行其他任务。无论哪种情况，都会返回在读操作上再次尝试，直到任务完成。

5.4.3 本地传输协议

Netty 框架提供的所谓"本地"传输，其实是一种在同一个 Java 虚拟机内的本地 Transport 通信，它实现了在一个 JVM 内服务器和客户端之间异步通信的功能。该传输协议支持所有常见的 Netty 传输 API。

在本地传输协议中，与服务器 Channel 接口关联的 SocketAddress 不是绑定到一个物理网络地址中，而是在服务器运行时被存储在注册表当中的，当 Channel 接口关闭时会被注销。

由于本地传输方式不是真正意义上的网络通信，它不能与其他传输方式实现互操作。因此，在客户端希望连接到使用本地传输的服务器时，要注意正确的用法。除了这条限制，Netty 本地传输协议在使用上与其他传输协议基本相同。

5.4.4 内嵌传输协议

Netty 框架中还提供了一种内嵌传输协议，该协议方式可以实现嵌入 ChannelHandler 对象实例到其他 ChannelHandler 对象实例的传输方式。使用内嵌传输协议就好比使用辅助类，增加了非常灵活性的应用方法，可以实现与 ChannelHandler 的互动。

Netty 内嵌传输协议通常用于测试 ChannelHandler 的实现，也可用于将功能添加到现有的 ChannelHandler 中而无须更改代码。内嵌传输方式的关键是 Channel 接口的实现，该接口称为 EmbeddedChannel。

5.5 小结

本章主要介绍了 Netty 传输技术，内容具体包括传输是如何实现和使用的、传输方式有哪些、Netty Transport API 实现，以及 Netty Transport 协议等。

第 6 章

Netty Channel

Netty Channel（通道或信道）是 Netty 框架中核心概念之一，是具体负责数据包装进行传输和处理的关键部分。本章重点介绍 Netty Channel 的基础知识及其具体的应用过程。

本章主要包括以下内容：

- Channel接口基础
- ChannelHandle的功能及其使用
- ChannelPipeline的功能及其使用

6.1　Channel 基础

本节主要介绍关于 Netty Channel 的基础知识，首先要搞清楚什么是 Channel？Netty Channel 的功能是什么？

6.1.1　什么是 Channel

在计算机网络通信设计开发中，Channel 是一个非常重要的概念，中文通常会被翻译成"通道"或"信道"。

在 Netty 框架中，Channel（通道）是其中的核心概念之一，是网络通信的数据载体。Channel

负责从发送端到接收端进行网络通信、注册和数据操作等功能。其实，在 Channel 技术出现之前主要通过 Stream（流）的方式进行数据传输，Channel 本身也是基于 Stream 方式进行设计改进的。

6.1.2　Stream 与 Channel 对比

在计算机网络通信设计开发中，Stream（流）是较早出现的一个非常重要的概念。一般说来，一个 Stream 被定义为一个数据序列的聚合，输入流（Input Stream）用于从源读取数据，输出流（Output Stream）用于向目标写数据。

在 Java 标准 I/O 接口中，数据传输都是基于字节流或字符流进行操作的，具体功能是在 java.io 包中实现的。读者如有 Java 网络开发经历，一定使用过实现了 I/O 操作的 InputStream 接口和 OutputStream 接口，这两个接口都是在 java.io 包中实现的。当然，java.io 包中还包括了很强大的读/写功能。

虽然网络编程中用 Stream 进行数据传输十分方便，但是由于 Stream 自身的局限还是造成了其功能上的不足。例如，Stream 无法实现异步操作，同时又以阻塞方式运行。另外，Stream 采用单工方式，无法同时实现读/写操作。

于是，开发人员在 Stream 的基础上提出了 Channel 的概念。Channel 可以实现异步的、非阻塞的功能，还可以支持全双工（可同时进行读/写）的操作。可以说 Channel 是对 Stream（流）的一个重大改进。下面，我们针对 Stream 与 Channel 在网络传输上做一个简单的对比。

Stream 自身不支持异步操作，只能以阻塞方式运行。Stream 是单工方式的，无法实现同时的读/写操作。Stream 不支持 Buffer（缓冲）功能，网络传输性能相对较低。

Channel 完全支持异步操作，可以实现非阻塞方式运行。Channel 是全双工方式的，可以同时进行读/写操作。Channel 自身必须通过 Buffer 功能来实现，网络传输性能自然较高。

6.1.3　Java NIO Channel 介绍

在 Java NIO 中，完整地实现了 Channel（通道）功能。一般来说，要实现一个基于 NIO 的 I/O 操作，都是从创建一个 Channel 开始的。在通道创建完毕后，再结合 Buffer（缓冲）完成 I/O 读写操作，具体如下：

- 读操作：先创建一个 Buffer 缓冲区，然后从 Channel 中进行读取数据的操作。
- 写操作：先创建一个 Buffer 缓冲区，然后向其中填充数据，最后向通道中进行写入数据的操作。

Java NIO 中的 Channel 同样也是基于 Stream（流）设计的，它与 Stream 虽然相似，但存在区别，具体如下：

- Channel是全双工方式的,既可以从通道中读取数据,又可以写数据到通道中。而Stream的读写通常只是单工方式的。
- Channel可以异步、非阻塞的读写操作。Stream不支持异步方式,只能是阻塞方式。
- Channel中的数据总是要先读到一个Buffer中,或者总是要从一个Buffer中写入。而Stream与Buffer没有任何关系。

Netty 框架中的 Channel 接口是基于 Java NIO Channel 实现的,下面一起来看看。

6.2 Netty Channel 接口

在 Netty 框架中,Channel(通道)是核心概念之一,是 Netty 实现网络通信功能的主体,负责网络中端到端的通信、注册和数据操作等功能。

6.2.1 Channel 接口架构

Channel 接口实现了读(read)、写(write)、连接(connect)和绑定(bind)等操作,还提供了 Channel 接口配置的功能,以及获取 Channel 接口对象实例事件循环(eventloop)的功能。

在 Netty Channel 整体架构中,Channel 接口处于架构的顶层。Channel 接口继承自 AttributeMap、ChannelOutboundInvoker 和 Comparable 接口,如图 6.1 所示。

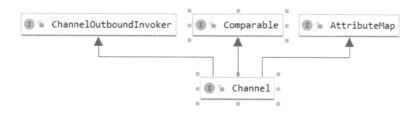

图 6.1 Channel 接口 UML 图

Channel 接口的主要功能及使用方法如下:

- 获取Channel接口当前状态(如:是否打开、是否连接)。
- 通过ChannelConfig配置Channel的参数(如:接收数据的缓冲区大小)。
- Channel支持的I/O操作(如:读、写、连接和绑定),以及通过ChannelPipeline处理当前Channel所有的I/O事件和请求。
- Channel 的所有 I/O 操作都是异步的,表示任何I/O调用将立即返回,在返回的ChannelFuture对象实例中包含该I/O请求操作的状态信息(已成功、失败或取消)。

- Channel释放资源时尽可能调用close()方法。

6.2.2 Channel 接口实现

关于 Channel 接口的具体实现请看下面的代码（以下代码节选自最新的 Netty 4.x 版本中的 Channel.class 文件，为了阅读方便略作了一些删减改动）。

【代码6-1】（详见Netty源代码中Channel.class文件）

```
01  /* --- Channel.class --- */
02  public interface Channel extends
03    AttributeMap,
04    ChannelOutboundInvoker,
05    Comparable<Channel> {
06      /*
07       * 返回全局唯一的标识符
08       */
09      ChannelId id();
10      /*
11       * 注册返回 EventLoop
12       */
13      EventLoop eventLoop();
14      /*
15       * 返回这个 channel 的父 channel
16       * 如果没有父 channel，则返回 null
17       */
18      Channel parent();
19      /*
20       * 返回这个 channel 的配置信息
21       */
22      ChannelConfig config();
23      /*
24       * 如果 channel 已经打开，则返回 true
25       */
26      boolean isOpen();
27      /*
28       * channel 是否已经注册
29       */
30      boolean isRegistered();
31      /*
```

```
32       * 该 channel 是否是活动的或已连接的
33       */
34      boolean isActive();
35      /*
36       * 返回该 channel 的 ChannelMetadata(channel 的元数据)
37       */
38      ChannelMetadata metadata();
39      /*
40       * channel 是绑定的, 则返回本地地址
41       * 如果 channel 没有绑定, 返回 null
42       */
43      SocketAddress localAddress();
44      /*
45       * 返回连接这个 channel 的远程地址
46       * 如果没有连接, 则返回 null
47       */
48      SocketAddress remoteAddress();
49      /*
50       * 当 channel 被关闭, 将被通知返回 ChannelFuture
51       * 该方法总是返回相同的 future 对象实例
52       */
53      ChannelFuture closeFuture();
54      /*
55       *当 I/O 线程立即执行所请求的写操作时返回 true
56       * 当此方法返回 false 时, 任何写入请求都将排队, 直到 I/O 线程准备处理队列写入请求
57       */
58      boolean isWritable();
59      /*
60       * 还能写入多少字节直到返回 false
61       * 这个数量总是非负的
62       * 如果 isWritable()方法返回 true, 这个值就是 0
63       */
64      long bytesBeforeUnwritable();
65      /*
66       * 得到多少字节从底层缓冲区中排出直到返回 true
67       * 这个数量总是非负的
68       * 如果 isWritable()返回 false, 这个值就是 0
69       */
70      long bytesBeforeWritable();
71      /*
```

```
72      * 返回一个局部(internal-use-only)对象, 提供给 unsafe 用于操作
73      */
74     Channel.Unsafe unsafe();
75     /*
76      * 返回指定的 ChannelPipeline
77      */
78     ChannelPipeline pipeline();
79     /*
80      * 返回指定的 bytebufallocator, 将用于分配{bytebuf}.
81      */
82     ByteBufAllocator alloc();
83     /* --- 重载方法 --- */
84     @Override
85     Channel read();
86     @Override
87     /* --- 重载方法 --- */
88     Channel flush();
89     /*
90      * Unsafe 接口操作应该从不用于开发者代码
91      * 这些方法仅提供实现对实际的传输, 必须从 I/O 线程中调用
92      */
93     public interface Unsafe {
94         Handle recvBufAllocHandle();
95         SocketAddress localAddress();
96         SocketAddress remoteAddress();
97         void register(EventLoop var1, ChannelPromise var2);
98         void bind(SocketAddress var1, ChannelPromise var2);
99      void connect(SocketAddress var1, SocketAddress var2, ChannelPromise
            var3);
100         void disconnect(ChannelPromise var1);
101         void close(ChannelPromise var1);
102         void closeForcibly();
103         void deregister(ChannelPromise var1);
104         void beginRead();
105         void write(Object var1, ChannelPromise var2);
106         void flush();
107         ChannelPromise voidPromise();
108         ChannelOutboundBuffer outboundBuffer();
109     }
110 }
```

关于【代码 6-1】的说明如下：

从上面 Netty 的源码中，可以看到 Channel 接口涉及很多比较重要的接口或类，比如 ChannelPipeline、ChannelFuture、ChannelPromise、EventLoop 和 ByteBuff 等，在 Netty 编程开发中会经常遇到。

6.2.3　Channel 接口生命周期

Channel 接口生命周期定义了简单而又强大的状态模型，其与 ChannelInboundHandler API 密切相关，具体定义了如下 4 个状态：

- channelUnregistered状态：Channel接口已创建、但仍未注册到一个EventLoop之上。
- channelRegistered状态：Channel接口注册到一个EventLoop。
- channelActive状态：Channel接口变为活跃状态（已经连接到远程主机），表示可以接收和发送数据了。
- channelInactive状态：Channel接口处于非活跃状态（没有连接到远程主机）。

当以上 4 个 Channel 接口生命周期的状态出现变化，就会触发相应的事件，因此就能与 ChannelPipeline 中的 ChannelHandler 进行及时的交互。Channel 接口生命周期的状态模型如图 6.2 所示。Channel 接口生命周期的 4 个状态从 channelRegistered 开始，经过 channelActive，然后再 channelInactive，最后到 channelUnregistered 结束。

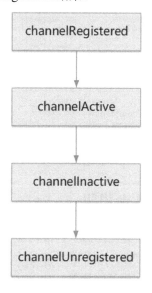

图 6.2　Channel 接口状态模型图

6.3　Netty ChannelHandler 接口

Netty 框架中的 Channel 接口设计了顶层架构，在 Channel 中进行的数据处理由 ChannelHanlder 接口负责。ChannelHanlder 接口是一个功能强大的组件，它允许用户通过自定义 ChannelHandler 的配置实现传入和传出数据的处理。

6.3.1　ChannelHandler 接口架构

ChannelHandler 接口是 Netty 框架中 Handler 组件的根接口，其架构体系与继承关系比较复杂，它实现了很多子类，具体如图 6.3 所示。ChannelHandler 有两个重要的子接口，分别是 ChannelInboundHandler 子接口和 ChannelOutboundHandler 子接口。

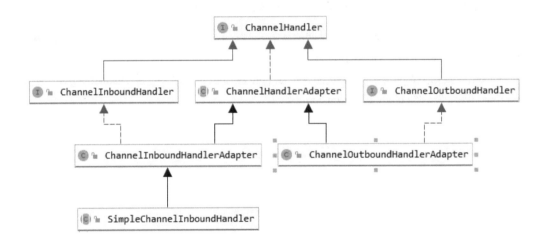

图 6.3　ChannelHandle 接口 UML 图

6.3.2　ChannelHandler 接口生命周期

ChannelHandler 接口同样定义了相应的生命周期方法，当 ChannelHandler 添加到 ChannelPipeline 中，或者从 ChannelPipeline 中被移除后，其相对应的方法将会被调用，每个方法都传入一个 ChannelHandlerContext 类型的参数。

ChannelHandler 接口定义的三个生命周期方法说明如下：

- handlerAdded()方法：当 ChannelHandler 添加到 ChannelPipeline 之中时该方法被调用。

- handlerRemoved()方法：当ChannelHandler从ChannelPipeline之中被移除时被调用。
- exceptionCaught()方法：当ChannelPipeline执行抛出异常时被调用。

ChannelHandler 接口的具体实现请看下面的代码（以下代码节选自最新的 Netty 4.x 版本中的 Channel.class 文件，为了阅读方便略作了一些删减改动）。

【代码6-2】（详见Netty源代码中ChannelHandler.class文件）

```
01  /* --- ChannelHandle.class --- */
02  public interface ChannelHandler {
03    /**
04     * Gets called after the ChannelHandler was added to the actual context
05     * &
06     * It's ready to handle events
07     */
08    void handlerAdded(ChannelHandlerContext ctx) throws Exception;
09    /**
10     * Gets called after the ChannelHandler was removed from the actual context
11     * &
12     * It doesn't handle events anymore.
13     */
14    void handlerRemoved(ChannelHandlerContext ctx) throws Exception;
15    /**
16     * Gets called if a ChannelHandler was thrown.
17     */
18    @Deprecated
19    void exceptionCaught(
20      ChannelHandlerContext ctx,
21      Throwable cause) throws Exception;
22  }
```

关于【代码 6-2】的说明如下：

从上面 Netty 的源码中，可以看到 ChannelHandler 接口定义的三个生命周期方法均定义了一个 ChannelHandlerContext 类型的参数。

6.3.3　ChannelHandlerAdapter 子接口

Netty Channel 的 ChannelHandler 接口仅仅定义了具体的生命周期方法，具体实现是在 ChannelHandlerAdapter（适配器）类中完成的，请参考图 6.3 中关于 ChannelHandler 接口 UML 架构描述。

同时，这个ChannelHandlerAdapter（适配器）类也是ChannelInboundHandlerAdapter（适配器）类和ChannelOutboundHandlerAdapter（适配器）类的实现基础。一般来说，适配器类都是作为父级接口的具体实现而存在的。

ChannelHandlerAdapter类的具体实现请看下面的代码（以下代码节选自最新的Netty 4.x版本中的Channel.class文件，为了阅读方便略作了一些删减改动）。

【代码6-3】（详见Netty源代码中ChannelHandlerAdapter.class文件）

```
01  /* --- ChannelHandlerAdapter.class --- */
02  public abstract class ChannelHandlerAdapter implements ChannelHandler {
03      // Not using volatile because it's used only for a sanity check.
04      boolean added;
05      /**
06       * Throws IllegalStateException if ChannelHandlerAdapter#isSharable()
             returns true
07       */
08      protected void ensureNotSharable() {
09          if (isSharable()) {
10              throw new IllegalStateException(
11      "ChannelHandler " +
12      getClass().getName() +
13      " is not allowed to be shared");
14          }
15      }
16      /**
17       * Return {@code true} if the implementation is Sharable
18       * and so can be added to different ChannelPipelines.
19       */
20      public boolean isSharable() {
21          Class<?> clazz = getClass();
22          Map<Class<?>, Boolean> cache =
23      InternalThreadLocalMap.get().handlerSharableCache();
24          Boolean sharable = cache.get(clazz);
25          if (sharable == null) {
26              sharable = clazz.isAnnotationPresent(Sharable.class);
27              cache.put(clazz, sharable);
28          }
29          return sharable;
30      }
31      /**
```

```
32      * Do nothing by default, sub-classes may override this method.
33      */
34     @Override
35     public void handlerAdded(ChannelHandlerContext ctx) throws Exception {
36         // NOOP
37     }
38     /**
39      * Do nothing by default, sub-classes may override this method.
40      */
41     @Override
42     public void handlerRemoved(ChannelHandlerContext ctx) throws Exception {
43         // NOOP
44     }
45     /**
46      * Calls ChannelHandlerContext#fireExceptionCaught(Throwable) to forward
47      * to the next ChannelHandler in the ChannelPipeline.
48      *
49      * Sub-classes may override this method to change behavior.
50      *
51      * @deprecated is part of ChannelInboundHandler
52      */
53     @Skip
54     @Override
55     @Deprecated
56     public void exceptionCaught(
57         ChannelHandlerContext ctx,
58         Throwable cause) throws Exception {
59         ctx.fireExceptionCaught(cause);
60     }
61 }
```

关于【代码 6-3】的说明如下：

从上面 Netty 的源码中，可以看到 ChannelHandlerAdapter 类是 ChannelHandler 接口的具体实现，包括 ChannelHandler 接口定义的三个生命周期方法。

6.3.4　ChannelHandler 子接口

Netty 框架实现了一个相对简单的 ChannelHandler 接口，定义了两个重要的子接口，具体如下：

- ChannelInboundHandler接口：处理Inbound数据和所有的状态更改事件。
- ChannelOutboundHandler接口：处理Outbound数据，允许拦截各种操作。

ChannelInboundHandler 接口与 ChannelOutboundHandler 接口均定义了各自的生命周期方法，下面分别进行介绍。

ChannelInboundHandler 接口的生命周期方法与 Channel 接口的生命周期基本类似，它在接收到数据或者与之关联的 Channel 状态改变时被调用，具体方法如下：

（1）channelRegistered()方法：当 Channel 被注册到自身的 EventLoop 上，以及能够处理 I/O 接口操作时被触发。

（2）channelUnregistered()方法：当 Channel 被从自身的 EventLoop 上取消注册，以及不能够处理 I/O 接口操作时被触发。

（3）channelActive()方法：当一个 Channel 处于活跃状态时被触发，表明该 Channel 已连接到远程端点且处于就绪状态。

（4）channelInactive()方法：当一个 Channel 处于非活跃状态、且不再与远程端点连接时被触发。

（5）channelReadComplete()方法：当一个 Channel 上的读操作完成后被触发。

（6）channelRead()方法：当一个 Channel 上处于读操作时被触发。

（7）channelWritabilityChanged()方法：当一个 Channel 上的可写入状态发生改变时被触发。

（8）userEventTriggered()方法：当用户调用 Channel.fireUserEventTriggered()方法通过 ChannelPipeline 传递对象时被触发。

注意：ChannelInboundHandler 通过覆盖方式实现了 channelRead()方法，用来处理 Inbound 数据响应并释放资源。

ChannelInboundHandler 接口的具体定义请看下面的代码（以下代码节选自最新的 Netty 4.x 版本中的 ChannelInboundHandler.class 文件，为了阅读方便略作了一些删减改动）。

【代码6-4】（详见Netty源代码中ChannelInboundHandler.class文件）

```
01  /* --- ChannelInboundHandler.class --- */
02  public interface ChannelInboundHandler extends ChannelHandler {
03      /**
04       * The Channel of the ChannelHandlerContext was registered with its
               EventLoop
05       */
06      void channelRegistered(ChannelHandlerContext ctx) throws Exception;
07      /**
08       * The Channel of the ChannelHandlerContext was unregistered from its
```

```
           EventLoop
09       */
10       void channelUnregistered(ChannelHandlerContext ctx) throws Exception;
11       /**
12        * The Channel of the ChannelHandlerContext is now active
13        */
14       void channelActive(ChannelHandlerContext ctx) throws Exception;
15       /**
16        * The Channel of the ChannelHandlerContext was registered is now inactive
17        * and reached its end of lifetime.
18        */
19       void channelInactive(ChannelHandlerContext ctx) throws Exception;
20       /**
21        * Invoked when the current Channel has read a message from the peer.
22        */
23       void channelRead(ChannelHandlerContext ctx, Object msg) throws Exception;
24       /**
25        * Invoked when the last message read by the current read operation
26        * has been consumed by #channelRead(ChannelHandlerContext, Object).
27        */
28       void channelReadComplete(ChannelHandlerContext ctx) throws Exception;
29       /**
30        * Gets called if an user event was triggered.
31        */
32       void userEventTriggered(ChannelHandlerContext ctx, Object evt) throws
            Exception;
33       /**
34        * Gets called once the writable state of a Channel changed.
35        * You can check the state with Channel#isWritable().
36        */
37       void channelWritabilityChanged(ChannelHandlerContext ctx) throws
            Exception;
38       /**
39        * Gets called if a Throwable was thrown.
40        */
41       @Override
42       @SuppressWarnings("deprecation")
43       void exceptionCaught(
44           ChannelHandlerContext ctx,
45           Throwable cause) throws Exception;
```

46 }

ChannelInboundHandler 接口的具体实现请看下面的代码（以下代码节选自最新的 Netty 4.x 版本中的 ChannelInboundHandlerAdapter.class 文件，为了阅读方便略作了一些删减改动）。

【代码6-5】（详见Netty源代码中ChannelInboundHandlerAdapter.class文件）

```
01  /* --- ChannelInboundHandlerAdapter.class --- */
02  public class ChannelInboundHandlerAdapter
03    extends ChannelHandlerAdapter
04    implements ChannelInboundHandler {
05      /**
06       * Calls ChannelHandlerContext#fireChannelRegistered() to forward
07       * to the next ChannelInboundHandler in the ChannelPipeline.
08       */
09      @Skip
10      @Override
11      public void channelRegistered(ChannelHandlerContext ctx) throws
         Exception {
12          ctx.fireChannelRegistered();
13      }
14      /**
15       * Calls ChannelHandlerContext#fireChannelUnregistered() to forward
16       * to the next ChannelInboundHandler in the ChannelPipeline.
17       */
18      @Skip
19      @Override
20      public void channelUnregistered(ChannelHandlerContext ctx) throws
         Exception {
21          ctx.fireChannelUnregistered();
22      }
23      /**
24       * Calls ChannelHandlerContext#fireChannelActive() to forward
25       * to the next ChannelInboundHandler in the ChannelPipeline.
26       */
27      @Skip
28      @Override
29      public void channelActive(ChannelHandlerContext ctx) throws Exception {
30          ctx.fireChannelActive();
31      }
32      /**
```

```java
33      * Calls ChannelHandlerContext#fireChannelInactive() to forward
34      * to the next ChannelInboundHandler in the ChannelPipeline.
35      */
36     @Skip
37     @Override
38     public void channelInactive(ChannelHandlerContext ctx) throws Exception {
39         ctx.fireChannelInactive();
40     }
41     /**
42      * Calls ChannelHandlerContext#fireChannelRead(Object) to forward
43      * to the next ChannelInboundHandler in the ChannelPipeline.
44      *
45      * Sub-classes may override this method to change behavior.
46      */
47     @Skip
48     @Override
49     public void channelRead(ChannelHandlerContext ctx, Object msg) throws Exception {
50         ctx.fireChannelRead(msg);
51     }
52     /**
53      * Calls ChannelHandlerContext#fireChannelReadComplete() to forward
54      * to the next ChannelInboundHandler in the ChannelPipeline.
55      */
56     @Skip
57     @Override
58     public void channelReadComplete(ChannelHandlerContext ctx) throws Exception {
59         ctx.fireChannelReadComplete();
60     }
61     /**
62      * Calls ChannelHandlerContext#fireUserEventTriggered(Object) to forward
63      * to the next ChannelInboundHandler in the ChannelPipeline.
64      */
65     @Skip
66     @Override
67     public void userEventTriggered(
68         ChannelHandlerContext ctx,
69         Object evt) throws Exception {
```

```
70          ctx.fireUserEventTriggered(evt);
71      }
72      /**
73       * Calls ChannelHandlerContext#fireChannelWritabilityChanged() to
           forward
74       * to the next ChannelInboundHandler in the ChannelPipeline.
75       */
76      @Skip
77      @Override
78      public void channelWritabilityChanged(
79   ChannelHandlerContext ctx) throws Exception {
80          ctx.fireChannelWritabilityChanged();
81      }
82      /**
83       * Calls ChannelHandlerContext#fireExceptionCaught(Throwable) to forward
84       * to the next ChannelHandler in the ChannelPipeline.
85       */
86      @Skip
87      @Override
88      @SuppressWarnings("deprecation")
89      public void exceptionCaught(ChannelHandlerContext ctx, Throwable cause)
90          throws Exception {
91          ctx.fireExceptionCaught(cause);
92      }
93  }
```

关于【代码 6-5】的说明如下：

从上面 Netty 的源码中，可以看到 ChannelInboundHandlerAdapter 类中实现的方法，基本都包括 ChannelHandlerContext 类型的参数。

ChannelOutboundHandler 接口主要提供了 Outbound 数据操作时调用的方法，这些方法会被 Channel、ChannelPipeline 和 ChannelHandlerContext 调用。

ChannelOutboundHandler 接口的另一个强大功能就是具有在请求时延迟操作的能力。比如，当写数据到远程端点的过程中被意外暂停，可以延迟执行刷新操作，然后在迟些时候再继续操作。

ChannelOutboundHandler 接口定义的方法说明如下：

- bind()方法：当需要绑定 Channel 对象实例到本地地址时进行调用。
- connect()方法：当需要连接 Channel 对象实例到远程端点时进行调用。
- disconnect()方法：当需要断开 Channel 对象实例到远程端点的连接时进行调用。

- close()方法：当需要关闭Channel对象实例时进行调用。
- read()方法：当需要从Channel中读取更多数据时进行调用。
- flush()方法：当需要从Channel中刷新队列数据到远程端点时进行调用。
- write()方法：当需要从Channel中写入数据到远程端点时进行调用。

注意：几乎所有的方法都定义了 ChannelPromise 类型参数，一旦请求结束要通过ChannelPipeline进行转发的时候，必须通知该参数。

ChannelOutboundHandler 接口的具体定义请看下面的代码(以下代码节选自最新的 Netty 4.x 版本中的 ChannelOutboundHandler.class 文件，为了阅读方便略作了一些删减改动)。

【代码6-6】（详见Netty源代码中ChannelOutboundHandler.class文件）

```
01  /* --- ChannelOutboundHandler.class --- */
02  public interface ChannelOutboundHandler extends ChannelHandler {
03      /**
04       * Called once a bind operation is made.
05       *
06       * @param ctx
07       * @param localAddress
08       * @param promise
09       * @throws Exception
10       */
11      void bind(
12      ChannelHandlerContext ctx,
13      SocketAddress localAddress,
14      ChannelPromise promise) throws Exception;
15      /**
16       * Called once a connect operation is made.
17       *
18       * @param ctx
19       * @param remoteAddress
20       * @param localAddress
21       * @param promise
22       * @throws Exception
23       */
24      void connect(
25      ChannelHandlerContext ctx,
26      SocketAddress remoteAddress,
27          SocketAddress localAddress,
28      ChannelPromise promise) throws Exception;
```

```
29      /**
30       * Called once a disconnect operation is made.
31       *
32       * @param ctx
33       * @param promise
34       * @throws Exception
35       */
36      void disconnect(
37   ChannelHandlerContext ctx,
38   ChannelPromise promise) throws Exception;
39      /**
40       * Called once a close operation is made.
41       *
42       * @param ctx
43       * @param promise
44       * @throws Exception
45       */
46      void close(
47   ChannelHandlerContext ctx,
48   ChannelPromise promise) throws Exception;
49      /**
50       * Intercepts ChannelHandlerContext#read().
51       */
52      void read(ChannelHandlerContext ctx) throws Exception;
53      /**
54       * Called once a write operation is made.
55       * The write operation will write the messages through the ChannelPipeline.
56       * Those are then ready to be flushed to the actual Channel
57       *
58       * @param ctx
59       * @param msg
60       * @param promise
61       * @throws Exception
62       */
63      void write(
64   ChannelHandlerContext ctx,
65   Object msg,
66   ChannelPromise promise) throws Exception;
67      /**
68       * Called once a flush operation is made.
```

```
69        * The flush operation will try to flush out
70        * all previous written messages that are pending.
71        *
72        * @param ctx
73        * @throws Exception
74        */
75       void flush(ChannelHandlerContext ctx) throws Exception;
76   }
```

ChannelOutboundHandler 接口的具体实现请看下面的代码（以下代码节选自最新的 Netty 4.x 版本中的 ChannelOutboundHandlerAdapter.class 文件，为了阅读方便略作了一些删减改动）。

【代码6-7】（详见Netty源代码中ChannelOutboundHandlerAdapter.class文件）

```
01   /* --- ChannelOutboundHandlerAdapter.class --- */
02   public class ChannelOutboundHandlerAdapter
03    extends ChannelHandlerAdapter
04    implements ChannelOutboundHandler {
05      /**
06       * Calls ChannelHandlerContext#bind(SocketAddress, ChannelPromise) to forward
07       * to the next ChannelOutboundHandler in the ChannelPipeline.
08       */
09      @Skip
10      @Override
11      public void bind(
12          ChannelHandlerContext ctx,
13          SocketAddress localAddress,
14          ChannelPromise promise) throws Exception {
15          ctx.bind(localAddress, promise);
16      }
17      /**
18   * Calls ChannelHandlerContext#connect(SocketAddress,SocketAddress,ChannelPromise)
19       * to forward to the next ChannelOutboundHandler in the ChannelPipeline.
20       *
21      @Skip
22      @Override
23      public void connect(
24          ChannelHandlerContext ctx,
25          SocketAddress remoteAddress,
```

```
26          SocketAddress localAddress,
27          ChannelPromise promise) throws Exception {
28          ctx.connect(remoteAddress, localAddress, promise);
29      }
30      /**
31       * Calls ChannelHandlerContext#disconnect(ChannelPromise) to forward
32       * to the next ChannelOutboundHandler in the ChannelPipeline.
33       */
34      @Skip
35      @Override
36      public void disconnect(
37          ChannelHandlerContext ctx,
38          ChannelPromise promise) throws Exception {
39          ctx.disconnect(promise);
40      }
41      /**
42       * Calls ChannelHandlerContext#close(ChannelPromise) to forward
43       * to the next ChannelOutboundHandler in the ChannelPipeline.
44       */
45      @Skip
46      @Override
47      public void close(
48          ChannelHandlerContext ctx,
49          ChannelPromise promise) throws Exception {
50          ctx.close(promise);
51      }
52      /**
53       * Calls ChannelHandlerContext#read() to forward
54       * to the next ChannelOutboundHandler in the ChannelPipeline.
55       */
56      @Skip
57      @Override
58      public void read(ChannelHandlerContext ctx) throws Exception {
59          ctx.read();
60      }
61      /**
62       * Calls ChannelHandlerContext#write(Object, ChannelPromise) to forward
63       * to the next ChannelOutboundHandler in the ChannelPipeline.
64       */
65      @Skip
```

```
66      @Override
67      public void write(
68          ChannelHandlerContext ctx,
69          Object msg,
70          ChannelPromise promise) throws Exception {
71          ctx.write(msg, promise);
72      }
73      /**
74       * Calls ChannelHandlerContext#flush() to forward
75       * to the next ChannelOutboundHandler in the ChannelPipeline.
76       */
77      @Skip
78      @Override
79      public void flush(ChannelHandlerContext ctx) throws Exception {
80          ctx.flush();
81      }
82  }
```

关于【代码 6-7】的说明如下：

从上面 Netty 的源码中，可以看到 ChannelOutboundHandlerAdapter 类中实现的方法，基本都包括 ChannelHandlerContext 和 ChannelPromise 类型的参数。

上面 ChannelPromise 接口的内容其实是与 ChannelFuture 接口相关的。ChannelPromise 接口是 ChannelFuture 接口的一种扩展实现，其同时允许 ChannelPromise 操作的成功或失败。因此，任何时候调用 Channel.write()方法都会创建一个新的 ChannelPromise，并且通过 ChannelPipeline 进行传递。Netty 框架自身使用 ChannelPromise 类型作为 ChannelFuture 的返回通知，因此在大多数时候就是 ChannelPromise 类型本身。

6.3.5 ChannelHandler 资源管理与泄漏等级

ChannelHandler 资源管理的关键是不要发生资源泄漏的情况。当开发人员使用 ChannelInboundHandler.channelRead()方法或者 ChannelOutboundHandler.write()方法来处理数据时，最重要的是在处理资源时不要出现泄漏问题。

在前面的章节中，我们介绍过 Netty 框架使用引用计数器来处理池化的 ByteBuf。所以，当 ByteBuf 处理完成后，要确保引用计数器按照实际情况进行调整。比如，当 JVM 仍在处理 GC（垃圾回收机制）消息时，如果开发人员不小心继续释放这些消息，很可能就会耗尽资源。

为了让开发人员更加简单地找到资源遗漏的起因，Netty 框架实现了一个 ResourceLeakDetector 功能。ResourceLeakDetector 将会从已分配的缓冲区（1%，抽样开销很小）作为样品来检查是否存在应用程序的资源泄漏。

Netty 框架目前已经定义了 4 种泄漏检测等级，开发人员可以按需开启，具体分为：

- **Disables等级**：完全关闭内存资源的泄漏检测。
- **SIMPLE等级**：以约1%的抽样率检测是否泄漏，默认级别。
- **ADVANCED等级**：以约1%的抽样率检测是否资源泄漏，但要显示详细的泄漏报告。
- **PARANOID等级**：抽样率为100%，显示报告信息同advanced。

如果想修改检测等级，只需修改 io.netty.leakDetectionLevel 系统属性即可。

6.4 Netty ChannelPipeline 接口

本节介绍 Netty 框架中 ChannelPipeline 接口，ChannelPipeline 接口非常有用。

6.4.1 ChannelPipeline 接口架构

Netty 的 ChannelPipeline 接口可以理解成是对一系列 ChannelHandler 对象实例的集合。任何流经一个 Channel 对象的 Inbound 事件和 Outbound 事件都可以被 ChannelPipeline 拦截，这样，ChannelPipeline 就能够让开发人员对 Inbound 事件和 Outbound 事件进行自定义的逻辑处理，还可以对 ChannelPipeline 中各个 Handler 之间的交互进行定义。ChannelHandler 接口的架构如图 6.4 所示。

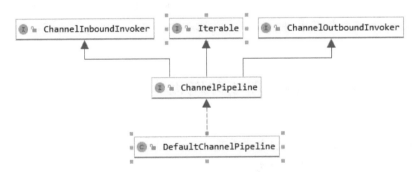

图 6.4　ChannelPipeline 接口 UML 图

6.4.2 ChannelPipeline 与 ChannelHandler 关系

每当创建一个全新的 Channel，都会随之建立一个全新的 ChannelPipeline，并且这个全新的 ChannelPipeline 默认会绑定到这个 Channel 上。请注意，这个绑定的关联是永久性的，该 Channel 既不能绑定第二个 ChannelPipeline，也不能分离当前这个已绑定的 ChannelPipeline。显然，该逻辑由 Netty 框架后台进行操作，无须开发人员手动进行处理。

根据上面的描述，ChannelPipeline 与 ChannelHandler 的关系就呼之欲出了，如图 6.5 所示。从图中可以看出来，ChannelPipeline 主要是一系列 ChannelHandler 对象的集合，通过 ChannelPipeline 还可以传播事件本身。如果一个 Inbound 事件被触发，其传递过程将从 ChannelPipeline 开始到 ChannelPipeline 结束。

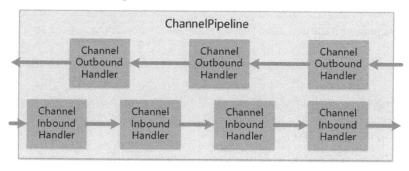

图 6.5　ChannelPipeline 与 ChannelHandler 的关系

6.4.3 ChannelPipeline 实现

Channel 事件将由 ChannelInboundHandler 或 ChannelOutboundHandler 处理，随后将调用 ChannelHandlerContext 实现转发到下一个相同类型的处理程序。ChannelHandlerContext 使得 ChannelHandler 与 ChannelPipeline 通过处理程序进行交互，并通知下一个 ChannelPipeline 中的 ChannelHandler 可以动态修改 ChannelPipeline 的归属。

ChannelPipeline 接口的定义请看下面的代码（以下代码节选自最新的 Netty 4.x 版本中的 ChannelPipeline.class 文件，为了阅读方便略作了一些删减改动）。

【代码6-8】（详见Netty源代码中ChannelPipeline.class文件）

```
01  /* --- ChannelPipeline.class --- */
02  public interface ChannelPipeline
03          extends ChannelInboundInvoker,
04    ChannelOutboundInvoker,
05    Iterable<Entry<String,
```

```
06  ChannelHandler>> {
07    /**
08     * Inserts a ChannelHandler at the first position of this pipeline.
09     */
10    ChannelPipeline addFirst(String name, ChannelHandler handler);
11    /**
12     * Inserts a ChannelHandler at the first position of this pipeline.
13     */
14    ChannelPipeline addFirst(
15      EventExecutorGroup group,
16      String name,
17      ChannelHandler handler);
18    /**
19     * Appends a ChannelHandler at the last position of this pipeline.
20     */
21    ChannelPipeline addLast(String name, ChannelHandler handler);
22    /**
23     * Appends a ChannelHandler at the last position of this pipeline.
24     */
25    ChannelPipeline addLast(
26      EventExecutorGroup group,
27      String name,
28      ChannelHandler handler);
29    /**
30     * Inserts a ChannelHandler before an existing handler of this pipeline.
31     */
32    ChannelPipeline addBefore(
33      String baseName, String name,
34      ChannelHandler handler);
35    /**
36     * Inserts a ChannelHandler before an existing handler of this pipeline.
37     */
38    ChannelPipeline addBefore(
39      EventExecutorGroup group,
40      String baseName, String name,
41      ChannelHandler handler);
42    /**
43     * Inserts a ChannelHandler after an existing handler of this pipeline.
44     */
45    ChannelPipeline addAfter(String baseName, String name, ChannelHandler
```

```
handler);
46      /**
47       * Inserts a ChannelHandler after an existing handler of this pipeline.
48       */
49      ChannelPipeline addAfter(
50      EventExecutorGroup group,
51      String baseName, String name,
52      ChannelHandler handler);
53      /**
54       * Inserts ChannelHandlers at the first position of this pipeline.
55       */
56      ChannelPipeline addFirst(ChannelHandler... handlers);
57      /**
58       * Inserts ChannelHandlers at the first position of this pipeline.
59       */
60     ChannelPipeline addFirst(EventExecutorGroup group, ChannelHandler...
            handlers);
61      /**
62       * Inserts ChannelHandlers at the last position of this pipeline.
63       */
64      ChannelPipeline addLast(ChannelHandler... handlers);
65      /**
66       * Inserts ChannelHandlers at the last position of this pipeline.
67       */
68     ChannelPipeline addLast(EventExecutorGroup group, ChannelHandler...
            handlers);
69      /**
70       * Removes the specified ChannelHandler from this pipeline.
71       */
72      ChannelPipeline remove(ChannelHandler handler);
73      /**
74       * Removes the ChannelHandler with the specified name from this pipeline.
75       */
76      ChannelHandler remove(String name);
77      /**
78       * Removes the first ChannelHandler in this pipeline.
79       */
80      ChannelHandler removeFirst();
81      /**
82       * Removes the last ChannelHandler in this pipeline.
```

```
83      */
84     ChannelHandler removeLast();
85     /**
86      * Replaces the specified ChannelHandler with a new handler in this
           pipeline.
87      */
88     ChannelPipeline replace(
89    ChannelHandler oldHandler,
90    String newName,
91    ChannelHandler newHandler);
92     /**
93      * Returns the first ChannelHandler in this pipeline.
94      */
95     ChannelHandler first();
96     /**
97      * Returns the context of the first ChannelHandler in this pipeline.
98      */
99     ChannelHandlerContext firstContext();
100    /**
101     * Returns the last ChannelHandler in this pipeline.
102     */
103    ChannelHandler last();
104    /**
105     * Returns the context of the last ChannelHandler in this pipeline.
106     */
107    ChannelHandlerContext lastContext();
108    /**
109     * Returns the ChannelHandler with the specified name in this pipeline.
110     */
111    ChannelHandler get(String name);
112    /**
113     * Returns the context object of the specified ChannelHandler in this
           pipeline.
114     */
115    ChannelHandlerContext context(ChannelHandler handler);
116    /**
117     * Returns the context object of the ChannelHandler with
118     * the specified name in this pipeline.
119     */
120    ChannelHandlerContext context(String name);
```

```
121  }
```

关于【代码6-8】的说明如下：

从上面 Netty 的源码中，可以看到 ChannelPipeline 是接口的定义，包括了一系列操作 ChannelPipeline 中 ChannelHandler 的方法。

再返回看一下图 6.4 所示的架构，可以发现 ChannelPipeline 接口的实现是在一个名称为 DefaultChannelPipeline 的类中。

DefaultChannelPipeline 类的具体实现请看下面的代码（以下代码节选自最新的 Netty 4.x 版本中的 DefaultChannelPipeline.class 文件，为了阅读方便略作了一些删减改动）。

【代码6-9】（详见Netty源代码中DefaultChannelPipeline.class文件）

```
01  /* --- DefaultChannelPipeline.class --- */
02  public class DefaultChannelPipeline implements ChannelPipeline {
03      protected DefaultChannelPipeline(Channel channel) {
04          this.channel = ObjectUtil.checkNotNull(channel, "channel");
05          succeededFuture = new SucceededChannelFuture(channel, null);
06          voidPromise =  new VoidChannelPromise(channel, true);
07          tail = new TailContext(this);
08          head = new HeadContext(this);
09          head.next = tail;
10          tail.prev = head;
11      }
12      @Override
13      public final ChannelPipeline addFirst(String name, ChannelHandler handler) {
14          return addFirst(null, name, handler);
15      }
16      @Override
17      public final ChannelPipeline addFirst(
18      EventExecutorGroup group, String name, ChannelHandler handler) {
19          final AbstractChannelHandlerContext newCtx;
20          synchronized (this) {
21              checkMultiplicity(handler);
22              name = filterName(name, handler);
23              newCtx = newContext(group, name, handler);
24              addFirst0(newCtx);
25              if (!registered) {
26                  newCtx.setAddPending();
27                  callHandlerCallbackLater(newCtx, true);
```

```
28              return this;
29          }
30          EventExecutor executor = newCtx.executor();
31          if (!executor.inEventLoop()) {
32              callHandlerAddedInEventLoop(newCtx, executor);
33              return this;
34          }
35      }
36      callHandlerAdded0(newCtx);
37      return this;
38  }
39  private void addFirst0(AbstractChannelHandlerContext newCtx) {
40      AbstractChannelHandlerContext nextCtx = head.next;
41      newCtx.prev = head;
42      newCtx.next = nextCtx;
43      head.next = newCtx;
44      nextCtx.prev = newCtx;
45  }
46  @Override
47  public final ChannelPipeline addLast(String name, ChannelHandler handler) {
48      return addLast(null, name, handler);
49  }
50  @Override
51  public final ChannelPipeline addLast(
52  EventExecutorGroup group, String name, ChannelHandler handler) {
53      final AbstractChannelHandlerContext newCtx;
54      synchronized (this) {
55          checkMultiplicity(handler);
56          newCtx = newContext(group, filterName(name, handler), handler);
57          addLast0(newCtx);
58          if (!registered) {
59              newCtx.setAddPending();
60              callHandlerCallbackLater(newCtx, true);
61              return this;
62          }
63          EventExecutor executor = newCtx.executor();
64          if (!executor.inEventLoop()) {
65              callHandlerAddedInEventLoop(newCtx, executor);
66              return this;
```

```
67              }
68          }
69          callHandlerAdded0(newCtx);
70          return this;
71      }
72      private void addLast0(AbstractChannelHandlerContext newCtx) {
73          AbstractChannelHandlerContext prev = tail.prev;
74          newCtx.prev = prev;
75          newCtx.next = tail;
76          prev.next = newCtx;
77          tail.prev = newCtx;
78      }
79  }
```

关于【代码 6-9】的说明如下：

DefaultChannelPipeline.class 文件内容非常多，基本上是对 ChannelPipeline 接口方法的具体实现。这里，我们仅仅选取比较典型的 addFirst() 方法和 addLast() 方法来介绍一下。

在第 03~11 行代码定义的构造方法内，定义了一个 head 标识和一个 tail 标识，可以理解为是用来标识 ChannelPipeline 的 "头部" 和 "尾部" 的。addFirst() 方法和 addLast() 方法仅仅是一个包装方法，而 addFirst() 方法的实际操作放在重载方法 addFirst() 和 addFirst0() 方法中，同样 addLast() 方法的实际操作放在重载方法 addLast() 和 addLast0() 方法中。

在第 39~45 行代码定义的 addFirst0() 方法中，实际就是将新的 ChannelHandler 插入到 head 之前。而在第 72~78 行代码定义的 addLast0() 方法中，实际就是将新的 ChannelHandler 插入到 tail 之后。

6.4.4 ChannelPipeline 修改

ChannelHandler 可以实时修改 ChannelPipeline 的布局，通过添加、移除、替换其他 ChannelHandler（也可以从 ChannelPipeline 中移除 ChannelHandler 自身）。这是 ChannelHandler 最重要的功能之一，主要方法介绍如下：

- addFirst() 方法：从第一个添加 ChannelHandler 到 ChannelPipeline。
- addBefore() 方法：在之前添加 ChannelHandler 到 ChannelPipeline。
- addAfter() 方法：在之后添加 ChannelHandler 到 ChannelPipeline。
- addLast() 方法：从最后一个添加 ChannelHandler 到 ChannelPipeline。
- remove() 方法：从 ChannelPipeline 中移除 ChannelHandler。
- replace() 方法：在 ChannelPipeline 替换另外一个 ChannelHandler。

修改 ChannelPipeline 的操作方法请看下面的代码。

【代码6-10】

```
01  /*
02   * get reference to pipeline
03   */
04  ChannelPipeline pipeline = null;
05  FirstHandler firstHandler = new FirstHandler();
06  pipeline.addLast("handler1", firstHandler);
07  pipeline.addFirst("handler2", new SecondHandler());
08  pipeline.addLast("handler3", new ThirdHandler());
09  pipeline.remove("handler3");
10  pipeline.remove(firstHandler);
11  pipeline.replace("handler2", "handler4", new ForthHandler());
```

关于【代码6-10】的说明如下：

- 第04行代码中，通过ChannelPipeline接口定义了对象实例（pipeline）。
- 第05行代码中，通过new关键字定义了一个FirstHandler接口的对象实例（firstHandler）。
- 第06行代码中，通过pipeline实例调用了addLast()方法将"handler1"添加到队尾。
- 第07行代码中，通过pipeline实例调用了addFirst()方法将"handler2"添加到队头。
- 第08行代码中，通过pipeline实例调用了addLast()方法将"handler3"添加到队尾。
- 第09行代码中，通过pipeline实例调用了remove()方法将"handler3"从队尾中移除。
- 第10行代码中，通过pipeline实例调用了remove()方法将firstHandler从队尾中移除。
- 第11行代码中，通过pipeline实例调用了replace()方法将"handler2"替换为"handler4"。

我们看到这种轻松添加、移除和替换 ChannelHandler 对象实例能力，是一种非常灵活的实现逻辑。

6.4.5　ChannelHandler 执行 ChannelPipeline 与阻塞

在将每个 ChannelHandler 加入到 ChannelPipeline 中时，会将处理事件传递到 EventLoop（I/O 线程）之中。这里至关重要的一点是，千万不要阻塞这个线程，否则将会对整体处理 I/O 产生负面影响。

这时可能需要使用阻塞 API 接口来处理遗留代码，这种情况下可以使用 ChannelPipeline.add()方法进行处理，该方法定义了一个 EventExecutorGroup 参数。对于一个定制的 EventExecutorGroup 传入事件，其由含在这个 EventExecutorGroup 中的一个 EventExecutor

进行处理，并且从 Channel 的 EventLoop 事件循环中离开。在 Netty 框架中，DefaultEventExecutorGroup 类是 EventExecutorGroup 接口的一个默认实现。

6.4.6　ChannelPipeline 事件传递

从 ChannelPipeline 事件传递的角度来看，ChannelPipeline 是否"开始"取决于是否发生 Inpbound 或 Outbound 事件。然而，Netty 框架默认总是指向 ChannelPipeline 的 Inbound 为"开始"，而 Outbound 为"结束"。

当开发人员使用 ChannelPipeline.add()方法，添加完成混合 Inpbound 和 Outbound 的处理程序时，每个 ChannelHandler 的"顺序"是从"开始"到"结束"的顺序位置来界定的。

当 Pipeline（管道）传播事件时，其决定下一个 ChannelHandler 是否是与运行方向相匹配的类型。假如不是，ChannelPipeline 会跳过该 ChannelHandler 并继续下一个合适的运行方向。注意，ChannelPipeline 的一个处理程序可能同时实现 ChannelInboundHandler 和 ChannelOutboundHandler 这两个接口。

6.5　Netty ChannelHandlerContext 接口

本节介绍 Netty 框架中的 ChannelHandlerContext 接口，ChannelHandlerContext 接口是 ChannelPipeline 接口与 ChannelHandler 接口的上下文联接器。

6.5.1　ChannelHandlerContext 接口基础

ChannelHandlerContext 接口在 Channel 中扮演着非常中重要的角色，相当于一个上下文联接器。当一个 ChannelHandler 添加到 ChannelPipeline 中时，同时会创建一个 ChannelHandlerContext 接口的对象实例，其用于表明 ChannelHandler 和 ChannelPipeline 之间的关联关系。这个 ChannelHandlerContext 接口负责的关联关系，主要用于维系 ChannelPipeline 与 ChannelHandler 之间的交互管理。

ChannelHandlerContext 接口中包含了有许多方法，其中一些方法也出现在 Channel 接口和 ChannelPipeline 接口自身之中。如果开发人员通过 Channel 或 ChannelPipeline 的实例来调用这些方法，其就会在整个 Pipeline 中进行传播。相反，如果通过 ChannelHandlerContext 的实例去调用相同的方法，则只会从当前的 ChannelHandler 开始，并传播到管道中下一个有处理事件能力的 ChannelHandler 中去。这点也是 ChannelHandlerContext 接口的特殊之处。

关于 ChannelHandlerContext 接口定义的 API 方法，主要介绍如下：

- bind()方法：绑定给定的Socket地址并返回一个ChannelFuture实例。
- channel()方法：返回自身所关联的Channel实例。
- close()方法：关闭Channel并返回一个ChannelFuture实例。
- connect()方法：连接给定的Socket地址并返回一个ChannelFuture实例。
- disconnect()方法：断开给定的远程端点并返回一个ChannelFuture实例。
- executor()方法：返回一个派发事件的EventExecutor实例。

6.5.2 ChannelHandlerContext 接口使用

ChannelHandlerContext 接口是 ChannelPipeline 接口与 ChannelHandler 接口的上下文连接器。在图 6.6 中，展示了 Channel、ChannelPipeline、ChannelHandler 和 ChannelHandlerContext 之间的关系。

首先 Channel 接口要绑定到 ChannelPipeline 接口上，ChannelPipeline 接口包含一系列 ChannelHandler 对象实例，这些 ChannelHandler 对象实例在添加到 ChannelPipeline 接口上时，每个 ChannelHandler 对象均会创建其对应的 ChannelHandlerContext 实例。

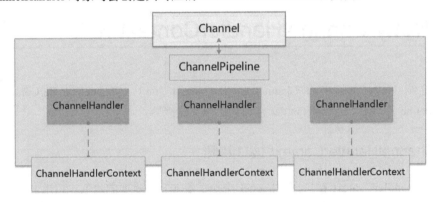

图 6.6　ChannelHandlerContext 与 ChannelPipeline 和 ChannelHandler 的关系（一）

下面的实例通过 ChannelHandlerContext 获取 Channel 的引用，然后通过调用 Channel 的 write()方法来触发一个写入事件，最后通过 Pipeline 传输，具体代码如下：

【代码6-11】

```
01  ChannelHandlerContext ctx = new ChannelHandlerContext();
02  Channel channel = ctx.channel();
03  channel.write(
04      Unpooled.copiedBuffer("Hello, Netty!", CharsetUtil.UTF_8)
05  );
```

关于【代码6-11】的说明如下：

- 第01行代码中，创建ChannelHandlerContext对象实例（ctx）。
- 第02行代码中，通过ctx获取与ChannelHandlerContext关联的、对Channel的引用。
- 第03~05行代码中，通过Channel写入缓存数据。

除了上面的用法，还可以通过 ChannelHandlerContext 获取 ChannelPipeline 的引用，然后通过调用 ChannelPipeline 的 write() 方法来触发一个写入事件，最后通过 Pipeline 传输数据，具体代码如下：

【代码6-12】

```
01  ChannelHandlerContext ctx = new ChannelHandlerContext();
02  ChannelPipeline pipeline = ctx.pipeline();
03  pipeline.write(
04    Unpooled.copiedBuffer("Hello, Netty!", CharsetUtil.UTF_8)
05  );
```

关于【代码6-12】的说明如下：

- 第01行代码中，创建ChannelHandlerContext对象实例（ctx）。
- 第02行代码中，通过ctx获取与ChannelPipeline关联的、对ChannelPipeline的引用。
- 第03~05行代码中，通过ChannelPipeline写入缓存数据。

从【代码6-11】和【代码6-12】中可以看到，通过在 Channel 或 ChannelPipeline 上调用 write() 方法都会使事件在整个 Pipeline 中传播。但需要注意的是，具体到 ChannelHandler 这一层上，从一个处理程序转到下一个处理程序时，是通过在 ChannelHandlerContext 上调用方法实现的，如图 6.7 所示。

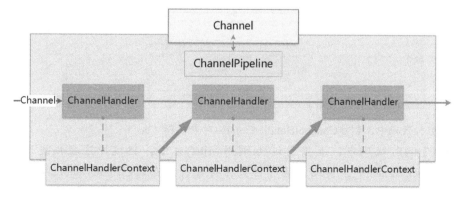

图 6.7　ChannelHandlerContext 与 ChannelPipeline 和 ChannelHandler 的关系（二）

如图 6.7 中所示，事件传递给 ChannelPipeline 的第一个 ChannelHandler，ChannelHandler 通

过关联的 ChannelHandlerContext 传递事件给 ChannelPipeline 中的下一个 ChannelHandler，然后重复上面的步骤，以此类推。

假如开发人员想从 ChannelPipeline 中一个特定的 ChannelHandler 开始传播一个事件，如何操作呢？

想要实现从一个特定的 ChannelHandler 开始操作，就必须引用该 ChannelHandler 的前一个 ChannelHandler 相关联的 ChannelHandlerContext。这个 ChannelHandlerContext 将会调用与自身关联的 ChannelHandler 的下一个 ChannelHandler，具体流程如图 6.8 所示。

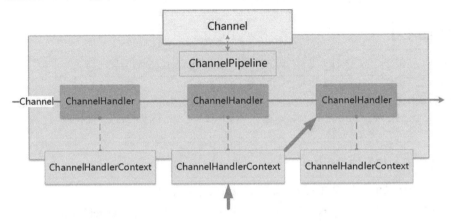

图 6.8　ChannelHandlerContext 与 ChannelPipeline 和 ChannelHandler 的关系（三）

如图 6.8 中所示，首先获取 ChannelHandlerContext 方法的调用，然后事件发送到了下一个 ChannelHandler，经过最后一个 ChannelHandler 后，事件从 ChannelPipeline 中移出。

图 6.8 中描述的流程代码示例如下：

【代码6-13】

```
01 ChannelHandlerContext ctx = new ChannelHandlerContext();
02 ctx.write(
03     Unpooled.copiedBuffer("Hello, Netty!", CharsetUtil.UTF_8)
04 );
```

关于【代码 6-13】的说明如下：

- 第01行代码中，创建ChannelHandlerContext对象实例（ctx）。
- 第02~04行代码中，直接通过ctx调用write()方法，把缓冲区数据发送到下一个ChannelHandler中。如此，缓冲区数据将会绕过在该ChannelHandler之前的所有的ChannelHandler进行传输，直到移出Pipeline。

6.6 小结

本章主要介绍了 Netty Channel 的相关技术,内容具体包括 Channel 基础、Channel 接口的定义、ChannelHandler 接口的使用、ChannelPipeline 接口的使用,以及 ChannelHandlerContext 接口的使用等。

第 7 章

Netty 编码与解码

Netty Codec（编解码器）是 Netty 框架中负责编码和解码的模块，它是将数据从一种特定协议格式转换成另一种特定协议格式的关键部分。本章重点介绍 Netty Codec 的基础知识及其应用方法。

本章主要包括以下内容：

- Decoder（解码器）
- Encoder（编码器）
- Codec（编解码器）

7.1 Codec 基础

本节主要介绍一下 Netty Codec（编码和解码）的基础概念，以及 Netty Codec 的功能。

7.1.1 编码与解码

数据信息的编码与解码是计算机编程过程中经常要处理的事情，所谓编码与解码就是将数据信息从一种特定协议格式转换成另一种特定协议格式，这个编码与解码的过程一般称为"Encode（编码）"和"Decode（解码）"。

不过，随着软件开发框架的越发成熟与完善，开发人员会将这个编码与解码的操作设计成为一个通用组件的形式，这个组件通常称为"Codec（编解码器）"。本章主要介绍的内容就是 Netty 的 Codec（编解码器）。

编码与解码的主要目的就是将原始字节数据与目标程序数据的格式相互转化。对于网络应用程序来讲，传输的数据信息基本都是以字节码的格式进行的。编码与解码的任务就是将一个字节序列转换成另一个业务对象。

7.1.2　Codec 的作用

Codec 其实就是编解码器。那么，Codec 的具体作用是什么呢？

我们还是通过网络应用程序中的数据信息传输来分析，假设传输的"消息"是一个结构化的字节序列，语义为一个特定的网络应用程序的"数据信息"。那么，Encoder（编码器）负责将消息格式转换为适合传输的格式（如：字节流），相应的 Decoder（解码器）则负责将接收到的传输数据再转换为原始的消息格式。将这个编码与解码的功能组合到一起，就是 Codec（编解码器）的作用。

在逻辑上，outbound 数据信息需要 Encode（编码）操作，而 inbound 数据信息需要 Decode（解码）操作。

7.1.3　Netty Codec 基础

Netty 框架提供了一个 Codec 组件，通过该组件可以很便捷地为各种不同协议编写编解码器。解码器负责将消息从字节或其他序列形式转成指定的消息对象，编码器的功能则与解码器正好相反。解码器负责处理 Inbound 数据，编码器负责处理 Outbound 数据。

Netty 框架的编码器和解码器的结构很简单，消息被编码后或解码后会自动通过 ReferenceCountUtil.release(message) 方法进行释放。如果不想释放消息，可以使用 ReferenceCountUtil.retain(message) 方法进行操作，不过这将会导致引用数量的增加而没有消息发布，大多数时不建议这么做。

这里举一个例子，假如打算构建一个基于 Netty 框架的邮件服务器，开发人员可以直接使用 POP3、IMAP 和 SMTP 这些现成的协议来实现。

7.2　Netty Encode 编码器

Netty 的 Encoder 编码器主要是用来将 Outbound 数据从一种格式转换到另外一种格式，这是基于 ChanneOutboundHandler 接口实现的。Netty Encode 编码器设计了两个类来实现编码操作，具体如下：

- MessageToByteEncoder类：编码从消息到字节。
- MessageToMessageEncoder类：编码从消息到消息。

MessageToByteEncoder 类负责从消息到字节的编码，该类只实现了一个 encode() 方法，该方法实现了将消息编码到 ByteBuf 字节。在 ChannelPipeline 中该 ByteBuf 字节会向前传递给 ChannelOutboundHandler。

下面的实例模拟一个应用 MessageToByteEncoder 类来实现消息编码。首先，预想产生一个 Integer 类型的消息值，然后将其编码成 ByteBuf 字节进行发送。这里，可以通过自定义一个继承自 MessageToByteEncoder 的 IntegerToByteEncoder 类来实现该功能，具体原理如图 7.1 所示。

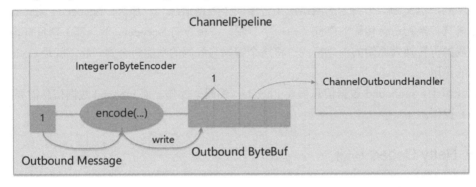

图 7.1 MessageToByteEncoder 应用

在一个 ChannelPipeline 中自定义了一个继承自 MessageToByteEncoder 类的 IntegerToByteEncoder 类，IntegerToByteEncoder 类中重写了 MessageToByteEncoder 类的 encode() 方法。该 encode() 方法收到 Integer 消息后，对其进行编码，然后写入 ByteBuf 字节。该 ByteBuf 字节会接着传递到 ChannelPipeline 中的下一个 ChannelOutboundHandler 上去。

下面是自定义 IntegerToByteEncoder 类的具体代码：

【代码7-1】

```
01  /*
02   * MessageToByteEncoder -> IntegerToByteEncoder
03   */
04  public class IntegerToByteEncoder extends
05          MessageToByteEncoder<Integer> {
06      @Override
07      public void encode(
08          ChannelHandlerContext ctx,
```

```
09            Integer msg,
10            ByteBuf out) throws Exception {
11            out.writeInteger(msg);
12        }
13  }
```

关于【代码 7-1】的说明如下：

- 第04行代码自定义了IntegerToByteEncoder类，该类继承自MessageToByteEncoder类。
- 第07~12行代码重写了MessageToByteEncoder类的encode()方法，该方法定义了3个参数，其中第2个Integer类型参数（msg）表示Outbound数据，第3个ByteBuf类型参数（out）是转换后的字节。
- 第11行代码通过out调用writeInteger()方法写入到ByteBuf。

MessageToMessageEncoder 这个类负责从消息到消息的编码，也就是将 Outbound 数据从一种消息编码格式转换成另一种消息编码格式。该类同样只实现了一个 encode()方法，该方法实现了将消息编码成一个或多个消息，然后向前传递。

下面的实例模拟一个应用 MessageToMessageEncoder 类来实现消息编码。首先，还是预想产生一个 Integer 类型的消息值，然后将其编码成消息列表进行发送。这里，可以通过自定义一个继承自 MessageToMessageEncoder 类的 IntegerToStringEncoder 类自来实现该功能，具体原理如图 7.2 所示。

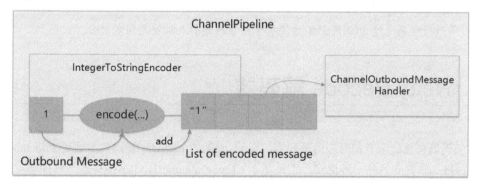

图 7.2　MessageToMessageEncoder 应用

在一个 ChannelPipeline 中自定义了一个继承自 MessageToMessageEncoder 类的 IntegerToStringEncoder 类，IntegerToStringEncoder 类中重写了 MessageToMessageEncoder 类的 encode()方法。该 encode()方法收到 Integer 消息后，对其进行编码，然后写入一个消息列表。该消息列表会接着传递到 ChannelPipeline 中的下一个 ChannelOutboundMessageHandler 上去。

下面是自定义 IntegerToStringEncoder 类的具体代码：

【代码7-2】

```
01  /*
02   * MessageToMessageEncoder -> IntegerToStringEncoder
03   */
04  public class IntegerToStringEncoder extends
05      MessageToMessageEncoder<Integer> {
06      @Override
07      public void encode(
08          ChannelHandlerContext ctx,
09          Integer msg,
10          List<Object> out) throws Exception {
11          out.add(String.valueOf(msg));
12      }
13  }
```

关于【代码7-2】的说明如下：

- 第04行代码自定义了IntegerToStringEncoder类，该类继承自MessageToMessageEncoder类。
- 第07~12行代码重写了MessageToMessageEncoder类的encode()方法，该方法定义了3个参数，其中第2个Integer类型参数（msg）表示Outbound消息，第3个List类型参数（out）是转换后的消息列表。
- 第11行代码通过out调用add()方法将字符串消息加入到消息列表中去。

7.3 Netty Decode 解码器

有编码器自然就会有相对应的解码器，Netty 框架的 Decoder 解码器主要用来将 Inbound 数据从一种格式转换到另外一种格式，它是基于 ChanneInboundHandler 接口的一种抽象实现。

Netty 框架提供了很丰富的、用于实现解码器的抽象基类，可以很便捷地通过这些基类来实现自定义解码器，具体如下：

- 解码字节到消息（ByteToMessageDecoder和ReplayingDecoder）。
- 解码消息到消息（MessageToMessageDecoder）。

在实践中，使用解码器的方法很简单，就是将 Inbound 数据转换格式后传递到 ChannelPipeline 中的下一个 ChannelInboundHandler 上进行处理。这样的处理方式比较灵活，开发人员可以将解码器放在 ChannelPipeline 中实现重用逻辑。

ByteToMessageDecoder 类用于将字节转换为消息或其他字节序列。一般情况下，是不能确定远程端点是否会一次发送完一个完整"数据信息"的。因此，ByteToMessageDecoder 类会缓存 Inbound 数据，直到"数据信息"完全准备好了、可以用于处理了为止。

ByteToMessageDecoder 类定义了两个非常重要的方法，具体如下：

（1）decode()方法：该方法实现了将 ByteBuf 字节解码到消息的功能，然后在 ChannelPipeline 中该消息会向前传递给 ChannelInboundHandler。

（2）decodeLast()方法：在解码过程中，当 Channel 关闭时会产生一个"Last Message（最后的消息）"，该方法用于处理该消息。

注意：Decode 解码与 Encode 编码在此处略有差异。Encode 编码是只有 encode()方法，而没有 encodeLast()方法。

下面的实例模拟一个应用 ByteToMessageDecoder 类来实现字节解码。这里需要模拟接收一个包含简单整数的字节流，且每个都需要单独处理。首先，将从 Inbound 的 ByteBuf 字节中读取每个整数，并将其传递给 Pipeline（管道）中的下一个 ChannelInboundHandler。然后，解码字节流成为整数，并通过扩展 ByteToMessageDecoder 类去实现一个自定义的 ByteToIntegerDecoder 类，具体原理如图 7.3 所示。

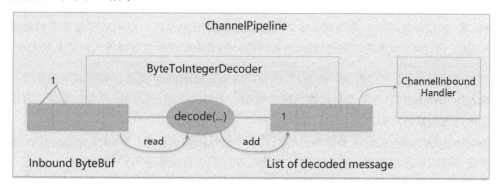

图 7.3　ByteToMessageDecoder 应用

在一个 ChannelPipeline 中自定义了一个继承自 ByteToMessageDecoder 类的 ByteToIntegerDecoder 类，ByteToIntegerDecoder 类中重写了 ByteToMessageDecoder 类的 decode() 方法。该 decode()方法读取 Inbound 的 ByteBuf 字节后，对其进行解码成为整型，然后写入消息列表。该消息会接着传递到 ChannelPipeline 中的下一个 ChannelInboundHandler 上去。

下面是自定义 ByteToIntegerDecoder 类的具体代码：

【代码7-3】

```
01  /*
```

```
02   * ByteToMessageDecoder -> ByteToIntegerDecoder
03   */
04  public class ByteToIntegerDecoder extends ByteToMessageDecoder {
05      @Override
06      public void decode(
07          ChannelHandlerContext ctx,
08          ByteBuf in,
09          List<Object> out) throws Exception {
10          if (in.readableBytes() >= 4) {
11              out.add(in.readInt());
12          }
13      }
14  }
```

关于【代码 7-3】的说明如下：

- 第04行代码自定义了ByteToIntegerDecoder类，该类继承自ByteToMessageDecoder类。
- 第06~13行代码重写了ByteToMessageDecoder类的decode()方法，该方法定义了3个参数，其中第2个ByteBuf类型参数（in）表示Inbound数据，第3个List类型参数（out）是转换后的消息列表。
- 第10~12行代码中，先通过in对象调用readableBytes()方法，以判断可读字节的长度是否大于等于4，如果是，则通过out对象调用add()方法，将整型数据写入到消息列表中。

通过【代码 7-3】可以看到，在应用 ByteToMessageDecoder 类进行实际读取操作时，必须验证输入的 ByteBuf 字节是否有足够长度的数据，否则就会抛出读操作异常。那么，有没有可以避免该问题的好方法呢？

ReplayingDecoder 类是字节到消息解码的一个特殊的抽象基类。使用 ReplayingDecoder 类就无需在读取缓冲区的数据之前，去执行检查缓冲区是否有足够字节的操作。

使用 ReplayingDecoder 类进行实际操作时，如果 ByteBuf 中有足够的字节，就会正常进行读取操作，进而执行解码操作；如果 ByteBuf 中没有足够的字节，则会终止解码操作。

下面的实例模拟一个应用 ReplayingDecoder 类来实现消息解码，主要是通过扩展 ReplayingDecoder 类去实现一个自定义的 ByteToIntegerReplayingDecoder 类，具体代码如下：

【代码7-4】

```
01  /*
02   * ReplayingDecoder -> ByteToIntegerReplayingDecoder
03   */
04  public class ByteToIntegerReplayingDecoder extends ReplayingDecoder<Void>
{
```

```
05      @Override
06      public void decode(
07        ChannelHandlerContext ctx,
08        ByteBuf in,
09        List<Object> out) throws Exception {
10          out.add(in.readInt());
11      }
12  }
```

关于【代码7-4】的说明如下：

- 第04行代码自定义了ByteToIntegerReplayingDecoder类，该类继承自ReplayingDecoder类。
- 第06~11行代码重写了ReplayingDecoder类的decode()方法，该方法定义了3个参数，其中第2个ByteBuf类型参数（in）表示Inbound数据，第3个List类型参数（out）是转换后的消息列表。
- 第10行代码通过out调用add()方法将字符串消息加入到消息列表中去。注意，这里并没有像【代码7-3】中的那样，先去判断ByteBuf中是否有足够的字节长度。

虽然 ReplayingDecoder 类在使用上相对更简单一些，但 ReplayingDecoder 自身带有一定的局限性。首先，它并不支持所有的标准 ByteBuf 操作，如果调用一个不支持的操作，就会抛出 UnreplayableOperationException 异常。然后，ReplayingDecoder 类在性能上略慢于 ByteToMessageDecoder。不过，如果开发人员能接受这两条限制，那还是会喜欢使用 ReplayingDecoder 类的。

MessageToMessageDecoder 类用于从一种消息格式解码为另一种消息格式。与 ByteToMessageDecoder 类相类似，MessageToMessageDecoder 类定义了两个相同的方法，具体如下：

（1）decode()方法：该方法实现了将 Inbound 消息解码成为另一种消息的功能，然后在 ChannelPipeline 中该消息会向前传递给 ChannelInboundHandler。

（2）decodeLast()方法：该方法的存在同样是为了解决在解码过程中，当 Channel 关闭时会产生一个"Last Message（最后的消息）"，该方法用于处理该消息。

下面的实例模拟一个应用 MessageToMessageDecoder 类来实现消息解码。这里需要模拟接收一个包含简单整数的 Inbound 数据消息，然后将 Inbound 数据消息通过 decode()方法解码成为字符串消息列表，最后将其传递给 Pipeline 中的下一个 ChannelInboundHandler。

这个将整数数据消息解码成为字符串消息列表的过程，将通过扩展 MessageToMessageDecoder 类去实现一个自定义的 IntegerToStringDecoder 类，具体原理如图 7.4 所示。

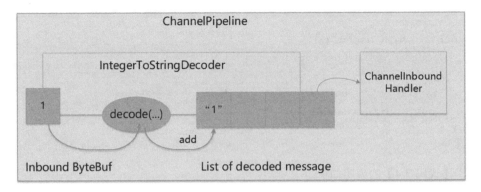

图 7.4 MessageToMessageDecoder 应用

在一个 ChannelPipeline 中自定义了一个继承自 MessageToMessageDecoder 类的 IntegerToStringDecoder 类，IntegerToStringDecoder 类中重写了 MessageToMessageDecoder 类的 decode() 方法。该 decode() 方法读取 Inbound 整数信息后，对其进行解码成为字符串，然后写入消息列表。该消息会接着传递到 ChannelPipeline 中的下一个 ChannelInboundHandler 上去。

下面是自定义 IntegerToStringDecoder 类的具体代码：

【代码7-5】

```
01  /*
02   * MessageToMessageDecoder -> IntegerToStringDecoder
03   */
04  public class IntegerToStringDecoder extends
05          MessageToMessageDecoder<Integer> {
06      @Override
07      public void decode(
08          ChannelHandlerContext ctx,
09          Integer msg,
10          List<Object> out)
11          throws Exception {
12          out.add(String.valueOf(msg));
13      }
14  }
```

关于【代码7-5】的说明如下：

- 第 04~05 行代码自定义了 IntegerToStringDecoder 类，该类继承自 MessageToMessageDecoder 类。
- 第07~13行代码重写了MessageToMessageDecoder类的decode()方法，该方法定义了3个参数，其中第2个Integer类型参数（msg）表示Inbound整数消息，第3个List类型参数（out）

是转换后的消息列表。

- 第12行代码中,通过out对象调用add()方法,将转换后的字符串消息添加到消息列表中。

说明:Netty 框架自身是一个异步框架,需要字节一直在内存缓冲区中,直到程序能够进行解码。所以,要尽量避免自己的解码器缓存太多数据,从而导致可用内存耗尽。不过 Netty 框架为了解决这个问题,设计了一个 TooLongFrameException 异常机制,当解码器存储的帧过长时抛出。

TooLongFrameException 异常机制在实际使用时,可以设置一个最大字节数的阈值,超过这个阈值就执行异常处理。下面示例自定义一个派生自 ByteToMessageDecoder 类的 SafeByteToMessageDecoder 异常处理类,具体代码如下:

【代码7-6】

```
01  /*
02   * ByteToMessageDecoder -> SafeByteToMessageDecoder
03   */
04  public class SafeByteToMessageDecoder extends ByteToMessageDecoder {
05      /*
06       * define max frame size
07       */
08      private static final int MAX_FRAME_SIZE = 1024;
09      /*
10       * override decode method
11       */
12      @Override
13      public void decode(
14          ChannelHandlerContext ctx,
15          ByteBuf in,
16          List<Object> out) throws Exception {
17          int readable = in.readableBytes();
18          if(readable > MAX_FRAME_SIZE) {
19              in.skipBytes(readable);
20              throw new TooLongFrameException("Decode frame is too long!");
21          }
22      }
23  }
```

关于【代码7-6】的说明如下:

- 第04行代码自定义了SafeByteToMessageDecoder类,该类继承自ByteToMessageDecoder类。

- 第08行代码定义了一个int类型的属性（MAX_FRAME_SIZE），用于规定缓冲区的最大阈值（1024字节长度）。
- 第13~22行代码重写了ByteToMessageDecoder类的decode()方法，该方法定义了3个参数，其中第2个ByteBuf类型参数（in）表示Inbound字节数据，第3个List类型参数（out）是转换后的消息列表。
- 第17行代码中，通过readableBytes()方法获取可读字节长度（readable）。
- 第18~21行代码中，通过比较可读字节长度（readable）与MAX_FRAME_SIZE的大小，确定是否抛出TooLongFrameException异常。如果readable大于MAX_FRAME_SIZE，则第19行代码通过调用skipBytes()方法跳过所有可读的字节，第20行代码抛出TooLongFrameException异常，并通知ChannelPipeline中的ChannelHandler这个数据的长度超出最大阈值了。

注意：【代码7-6】实现的这种保护机制非常重要，尤其是在解码一个有可变长度大小的数据传输协议的时候。

7.4　Netty Codec 抽象类

前面我们讲述了编码器和解码器技术，那么这个编码器和解码器在 Netty 中是如何操作的？

7.4.1　Netty Codec 概述

上一节详细讨论了 Netty 框架中 Encoder（编码器）和 Decoder（解码器）的使用方法，不过所介绍的 Encoder 和 Decoder 是各自独立的实体对象。假如在同一个类中同时有 Inbound 数据和 Outbound 数据，以及信息转换的场景，将编码器和解码器设计成各自独立方式就显得有点不科学了。

因此，Netty 框架抽象出来一个 Codec（编解码器）类，将 Encoder 和 Decoder 有效地整合在一起，并提供了针对 ByteBuf 字节和 Message 消息的相互操作功能。

Netty Codec 抽象类在设计上沿用了前文中关于 Encoder 和 Decoder 的思路，主要定义了 ByteToMessageCodec、MessageToMessageCodec 和 CombinedChannelDuplexHandler 这几个类。

7.4.2　ByteToMessageCodec 类

ByteToMessageCodec 类主要用于解码 ByteBuf 字节到 Message 消息，它正是结合了

ByteToMessageDecoder 类和 MessageToByteEncoder 类实现的。因此，ByteToMessageCodec 类也将 ByteToMessageDecoder 类和 MessageToByteEncoder 类的方法整合到了一起，具体如下：

（1）encode()方法：该方法实现了将消息编码到 ByteBuf 字节，在 ChannelPipeline 中该 ByteBuf 字节会向前传递给 ChannelOutboundHandler。

（2）decode()方法：该方法实现了将 ByteBuf 字节解码到消息的功能，然后在 ChannelPipeline 中该消息会向前传递给 ChannelInboundHandler。

（3）decodeLast()方法：该方法的存在主要是为了解决在解码过程中，当 Channel 关闭时会产生一个"Last Message（最后的消息）"，该方法用于处理该消息。

ByteToMessageCodec 类在实际应用中，基本可以适用于任何一个请求/响应协议，读者可以参考前文中关于 ByteToMessageDecoder 类和 MessageToByteEncoder 类的几个具体用例。

7.4.3　MessageToMessageCodec 类

我们知道 MessageToMessageDecoder 类用于从一种消息格式解码为另一种消息格式。MessageToMessageCodec 类与 MessageToMessageDecoder 类相类似，可以处理单个类的数据往返。

MessageToMessageCodec 类同样实现了以下几个常用方法，具体如下：

（1）encode()方法：该方法实现了将 Outbound 消息解码成为另一种消息的功能，然后在 ChannelPipeline 中该消息会向前传递给 ChannelInboundHandler。

（2）decode()方法：该方法实现了将 Inbound 消息解码成为另一种消息的功能，然后在 ChannelPipeline 中该消息会向前传递给 ChannelInboundHandler。

（3）decodeLast()方法：该方法的存在同样是为了解决在解码过程中，当 Channel 关闭时会产生一个"Last Message（最后的消息）"，该方法用于处理该消息。

在实际开发中，MessageToMessageCodec 类往往会涉及两个来回转换的数据 Message 消息传递。下面，我们实现一个 Inbound 消息与 Outbound 消息相互转换的自定义类（MyMessageToMessageCodec），具体代码如下：

【代码7-7】

```
01  /*
02   * MessageToMessageCodec -> MyMessageToMessageCodec
03   */
04  public class MyMessageToMessageCodec
05      extends MessageToMessageCodec<Integer> {
06      @Override
```

```
07      public void encode(
08      ChannelHandlerContext ctx,
09      Integer msg,
10      List<Object> out)
11          throws Exception {
12          out.add(String.valueOf(msg));
13      }
14      @Override
15      public void decode(
16      ChannelHandlerContext ctx,
17      Integer msg,
18      List<Object> out)
19          throws Exception {
20          out.add(String.valueOf(msg));
21      }
22  }
```

关于【代码7-7】的说明如下：

- 第04行代码自定义了MyMessageToMessageCodec类，该类继承自MessageToMessageCodec类。
- 第07~13行代码重写了MessageToMessageCodec类的encode()方法。
- 第15~21行代码重写了MessageToMessageCodec类的decode()方法。

7.4.4 CombinedChannelDuplexHandler 类

CombinedChannelDuplexHandler 类主要用于耦合解码器和编码器，避免二者结合在一起可能会牺牲的代码可重用性。通过 CombinedChannelDuplexHandler 类同时部署一个解码器和一个编码器到 ChannelPipeline 上，既保持了代码的逻辑性又不失便捷性。

在实际开发中，CombinedChannelDuplexHandler 类的使用相对复杂一些，需要先定义好编码器类和解码器类，然后整合到一起。下面，我们实现一个将编码器类和解码器类整合在一起的耦合自定义类（MyCombinedChannelDuplexHandler），具体代码如下：

【代码7-8】

```
01  /*
02   * ByteToMessageDecoder -> ByteToIntegerDecoder
03   */
04  public class ByteToIntegerDecoder extends ByteToMessageDecoder {
05      @Override
```

```
06    public void decode(
07        ChannelHandlerContext ctx,
08        ByteBuf in,
09        List<Object> out) throws Exception {
10        if (in.readableBytes() >= 4) {
11            out.add(in.readInteger());
12        }
13    }
14 }
15 /*
16  * MessageToByteEncoder -> IntegerToByteEncoder
17  */
18 public class IntegerToByteEncoder extends MessageToByteEncoder<Integer> {
19    @Override
20    public void encode(
21        ChannelHandlerContext ctx,
22        Character msg,
23        ByteBuf out) throws Exception {
24        out.writeInteger(msg);
25    }
26 }
27 /*
28  * CombinedChannelDuplexHandler -> MyCombinedChannelDuplexHandler
29  */
30 public class MyCombinedChannelDuplexHandler extends
31 CombinedChannelDuplexHandler<ByteToIntegerDecoder, IntegerToByteEncoder> {
32    public MyCombinedChannelDuplexHandler() {
33        super(new ByteToIntegerDecoder(), new IntegerToByteEncoder());
34    }
35 }
```

关于【代码 7-8】的说明如下：

- 第 04~14 行代码自定义了一个 ByteToIntegerDecoder 解码器类，该类继承自 ByteToMessageDecoder 类。
- 第 18~26 行代码自定义了一个 IntegerToByteEncoder 编码器类，该类继承自 MessageToByteEncoder 类。
- 第 30~35 行代码自定义了一个 MyCombinedChannelDuplexHandler 耦合编解码器类，该类继承自 CombinedChannelDuplexHandler 类。

7.5 小结

本章主要介绍了 Netty Codec（编解码器）技术，内容具体包括 Codec 基础、Netty Encoder（编码器）的使用、Netty Decoder（解码器）的使用，以及如何使用 Netty Codec 抽象类等。

第 8 章

Netty 引导

Netty Bootstrap（引导）是整个 Netty 框架中负责启动运行的模块，是 Netty 应用程序能够良好运行的关键。本章重点介绍 Netty Bootstrap 的基础知识及其使用方法。

本章主要包括以下内容：

- Bootstrap基础
- Bootstrap类型
- Bootstrap客户端
- Bootstrap服务器端

8.1　Bootstrap 基础

Netty Bootstrap（引导）是负责应用程序启动运行的关键模块，处于整个 Netty 架构的核心位置。其实，在前文中介绍过的一个 EchoNetty 应用程序中，可以发现无论是服务器端还是客服端都定义有一段引导代码，这段引导代码是支撑整个系统能够有序协调运行的基础。

现在，我们已经学习过了 Netty 框架中的 ByteBuf（缓存）、Transport（传输）和 Channel（通道）等核心模块。但是，这些模块都仅仅负责构建各自范畴内的功能，如何使用这些模块来组成一个完整的应用程序呢？

解决方案就是 Bootstrap。Bootstrap 是搭建整个 Netty 应用程序的核心骨架。无论是 Netty

客户端，还是 Netty 服务器端，都需要通过 Bootstrap 来配置应用程序的运行逻辑，保证应用程序的完整性。

8.2 Bootstrap 类型

Netty Bootstrap 主要包括两种类型：一种是用于服务器端的 ServerBootstrop 类；另一种是用于客户端的 Bootstrap 类。无论使用哪一种 Bootstrap 类型，都是对 Netty 应用程序进行配置的过程。

Bootstrap 类和 ServerBootstrop 类之间的架构关系如图 8.1 所示。

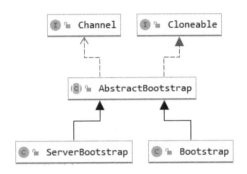

图 8.1 Bootstrap 类和 ServerBootstrop 类的关系

Bootstrap 类和 ServerBootstrop 类二者有共同的父类（AbastractBootstrap）。所以，要想理清 Netty 框架应用程序的引导是如何工作的，就需要从 AbastractBootstrap 抽象类入手分析。

AbastractBootstrap 抽象类的具体实现过程请看下面的代码（以下代码节选自最新的 Netty 4.x 版本中的 AbastractBootstrap.class 文件，为了阅读方便略作了一些删减改动）。

【代码8-1】（详见Netty源代码中AbastractBootstrap.class文件）

```
01  /* --- AbstractBootstrap.class --- */
02  public abstract class AbstractBootstrap
03      <B extends AbstractBootstrap<B, C>, C extends Channel>
04          implements Cloneable {
05      /*
06       * AbstractBootstrap member variables
07       */
08      volatile EventLoopGroup group;
```

```java
09      private volatile ChannelFactory<? extends C> channelFactory;
10      private volatile SocketAddress localAddress;
11      private final Map<ChannelOption<?>,Object>options = new
          ConcurrentHashMap();
12      private final Map<AttributeKey<?>, Object> attrs = new
          ConcurrentHashMap();
13      private volatile ChannelHandler handler;
14      /*
15       * AbstractBootstrap constructor
16       */
17      AbstractBootstrap() {
18      }
19      /*
20       * AbstractBootstrap constructor
21       */
22      AbstractBootstrap(AbstractBootstrap<B, C> bootstrap) {
23          this.group = bootstrap.group;
24          this.channelFactory = bootstrap.channelFactory;
25          this.handler = bootstrap.handler;
26          this.localAddress = bootstrap.localAddress;
27          this.options.putAll(bootstrap.options);
28          this.attrs.putAll(bootstrap.attrs);
29      }
30      /*
31       * AbstractBootstrap setter
32       */
33      public B group(EventLoopGroup group) {
34          ObjectUtil.checkNotNull(group, "group");
35          if (this.group != null) {
36              throw new IllegalStateException("group set already");
37          } else {
38              this.group = group;
39              return this.self();
40          }
41      }
42      /** @deprecated */
43      @Deprecated
44      public B channelFactory(ChannelFactory<? extends C> channelFactory) {
45          ObjectUtil.checkNotNull(channelFactory, "channelFactory");
46          if (this.channelFactory != null) {
```

```
47            throw new IllegalStateException("channelFactory set already");
48        } else {
49            this.channelFactory = channelFactory;
50            return this.self();
51        }
52    }
53    public B channelFactory(
54            io.netty.channel.ChannelFactory<? extends C> channelFactory) {
55        return this.channelFactory((ChannelFactory) channelFactory);
56    }
57    public B localAddress(SocketAddress localAddress) {
58        this.localAddress = localAddress;
59        return this.self();
60    }
61    public B localAddress(int inetPort) {
62        return this.localAddress(new InetSocketAddress(inetPort));
63    }
64    public B localAddress(String inetHost, int inetPort) {
65        return this.localAddress(SocketUtils.socketAddress(inetHost,
            inetPort));
66    }
67    public B localAddress(InetAddress inetHost, int inetPort) {
68        return this.localAddress(new InetSocketAddress(inetHost, inetPort));
69    }
70    public <T> B option(ChannelOption<T> option, T value) {
71        ObjectUtil.checkNotNull(option, "option");
72        if (value == null) {
73            this.options.remove(option);
74        } else {
75            this.options.put(option, value);
76        }
77        return this.self();
78    }
79    public <T> B attr(AttributeKey<T> key, T value) {
80        ObjectUtil.checkNotNull(key, "key");
81        if (value == null) {
82            this.attrs.remove(key);
83        } else {
84            this.attrs.put(key, value);
85        }
```

```
86         return this.self();
87     }
88     public B handler(ChannelHandler handler) {
89         this.handler = (ChannelHandler)ObjectUtil.checkNotNull(handler,
            "handler");
90         return this.self();
91     }
92     /*
93      * AbstractBootstrap getter
94      */
95     /** @deprecated */
96     @Deprecated
97     public final EventLoopGroup group() {
98         return this.group;
99     }
100     final SocketAddress localAddress() {
101         return this.localAddress;
102     }
103     final ChannelFactory<? extends C> channelFactory() {
104         return this.channelFactory;
105     }
106     final ChannelHandler handler() {
107         return this.handler;
108     }
109     final Map<ChannelOption<?>, Object> options() {
110         return copiedMap(this.options);
111     }
112     final Map<AttributeKey<?>, Object> attrs() {
113         return copiedMap(this.attrs);
114     }
115     /*
116      * call channel through channelFactory
117      */
118     public B channel(Class<? extends C> channelClass) {
119         return this.channelFactory(
120             (io.netty.channel.ChannelFactory)
121                 (new ReflectiveChannelFactory
122             ((Class)ObjectUtil.checkNotNull(channelClass, "channelClass"))
123         )
124     );
```

```
125     }
126     public B channelFactory(
127         io.netty.channel.ChannelFactory<? extends C> channelFactory) {
128         return this.channelFactory((ChannelFactory)channelFactory);
129     }
130     /** @deprecated */
131     @Deprecated
132     public B channelFactory(ChannelFactory<? extends C> channelFactory) {
133         ObjectUtil.checkNotNull(channelFactory, "channelFactory");
134         if (this.channelFactory != null) {
135             throw new IllegalStateException("channelFactory set already");
136         } else {
137             this.channelFactory = channelFactory;
138             return this.self();
139         }
140     }
141 }
```

关于【代码 8-1】的说明如下：

- 第 02~04 行代码中，定义了 AbastractBootstrap 抽象类，注意这里应用到了泛型的概念。
- 第 08~13 行代码中，AbastractBootstrap 类提供了 6 个属性（group、channelFactory、localAddress、options、attrs 和 handler）。
- 第 30~91 行代码中，为上述 6 个属性定义了一组相应的 setter 方法，通过这些方法可以设置这 6 个属性。
- 第 92~114 行代码中，为上述 6 个属性定义了一组相应的 getter 方法，通过这些方法可以获取这 6 个属性。
- 第 118~140 行代码中，定义了 Channel（通道）方法及其工厂构造方法（channelFactory），在 channelFactory 方法中借助泛型概念定义了 channel() 方法的使用方式。

8.3　Bootstrap 客户端

Bootstrap 类可以用来引导客户端和一些无连接协议，本节我们主要介绍 Bootstrap 类的引导原理以及几种常用的引导方法。

8.3.1 Bootstrap 客户端引导原理

Bootstrap 类负责创建管道给客户端应用程序，利用无连接协议在调用 bind()方法或 connect()方法之后引导客户端，基本原理如图 8.2 所示。Bootstrap 客户端通过调用 bind()方法或 connect()方法来创建一个新的 Channel。

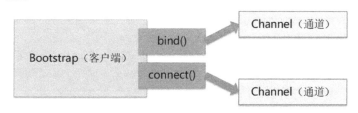

图 8.2　Bootstrap 类（客户端）引导原理

那么，bind()方法或 connect()方法在底层是如何实现的呢？我们先看一下 connect()方法在 Bootstrap 类中的具体实现代码（以下代码节选自最新的 Netty 4.x 版本中的 Bootstrap.class 文件，为了阅读方便略作了一些删减改动）。

【代码8-2】（详见Netty源代码中Bootstrap.class文件）

```
01  /* --- Bootstrap.class --- */
02  public class Bootstrap extends AbstractBootstrap<Bootstrap, Channel> {
03      private final BootstrapConfig config = new BootstrapConfig(this);
04      private volatile AddressResolverGroup<SocketAddress> resolver;
05      private volatile SocketAddress remoteAddress;
06      public ChannelFuture connect() {
07          this.validate();
08          SocketAddress remoteAddress = this.remoteAddress;
09          if (remoteAddress == null) {
10              throw new IllegalStateException("remoteAddress not set");
11          } else {
12              return this.doResolveAndConnect(remoteAddress,
                    this.config.localAddress());
13          }
14      }
15      public ChannelFuture connect(String inetHost, int inetPort) {
16          return this.connect(InetSocketAddress.createUnresolved(inetHost,
                inetPort));
17      }
18      public ChannelFuture connect(InetAddress inetHost, int inetPort) {
```

```
19          return this.connect(new InetSocketAddress(inetHost, inetPort));
20      }
21      public ChannelFuture connect(SocketAddress remoteAddress) {
22          ObjectUtil.checkNotNull(remoteAddress, "remoteAddress");
23          this.validate();
24          return this.doResolveAndConnect(remoteAddress,
                this.config.localAddress());
25      }
26      public ChannelFuture connect(
27        SocketAddress remoteAddress, SocketAddress localAddress) {
28          ObjectUtil.checkNotNull(remoteAddress, "remoteAddress");
29          this.validate();
30          return this.doResolveAndConnect(remoteAddress, localAddress);
31      }
32      private ChannelFuture doResolveAndConnect(
33    final SocketAddress remoteAddress, final SocketAddress localAddress) {
34          ChannelFuture regFuture = this.initAndRegister();
35          final Channel channel = regFuture.channel();
36          if (regFuture.isDone()) {
37              return !regFuture.isSuccess() ? regFuture :
38      this.doResolveAndConnect0(
39        channel, remoteAddress, localAddress, channel.newPromise());
40          } else {
41              final PendingRegistrationPromise promise =
42              new PendingRegistrationPromise(channel);
43              regFuture.addListener(new ChannelFutureListener() {
44                  public void operationComplete(ChannelFuture future) throws
                      Exception {
45                      Throwable cause = future.cause();
46                      if (cause != null) {
47                          promise.setFailure(cause);
48                      } else {
49                          promise.registered();
50                          Bootstrap.this.doResolveAndConnect0(
51                            channel, remoteAddress, localAddress, promise);
52                      }
53                  }
54              });
55              return promise;
56      }
```

```
57        }
58      private ChannelFuture doResolveAndConnect0(
59   final Channel channel,
60   SocketAddress remoteAddress,
61   final SocketAddress localAddress,
62   final ChannelPromise promise) {
63          try {
64              EventLoop eventLoop = channel.eventLoop();
65              AddressResolver<SocketAddress> resolver =
66                this.resolver.getResolver(eventLoop);
67       if(!resolver.isSupported(remoteAddress) ||
         resolver.isResolved(remoteAddress)) {
68              doConnect(remoteAddress, localAddress, promise);
69              return promise;
70          }
71        Future<SocketAddress> resolveFuture =
            resolver.resolve(remoteAddress);
72          if (resolveFuture.isDone()) {
73              Throwable resolveFailureCause = resolveFuture.cause();
74              if (resolveFailureCause != null) {
75                  channel.close();
76                  promise.setFailure(resolveFailureCause);
77              } else {
78         doConnect((SocketAddress)resolveFuture.getNow(), localAddress,
           promise);
79              }
80              return promise;
81          }
82          resolveFuture.addListener(new FutureListener<SocketAddress>() {
83              public void operationComplete(
84                Future<SocketAddress> future) throws Exception {
85                  if (future.cause() != null) {
86                      channel.close();
87                      promise.setFailure(future.cause());
88                  } else {
89                      Bootstrap.doConnect(
90                        (SocketAddress)future.getNow(), localAddress,
                            promise);
91                  }
92              }
```

```
93              });
94          } catch (Throwable var9) {
95              promise.tryFailure(var9);
96          }
97          return promise;
98      }
99      private static void doConnect(
100     final SocketAddress remoteAddress,
101     final SocketAddress localAddress,
102     final ChannelPromise connectPromise) {
103         final Channel channel = connectPromise.channel();
104         channel.eventLoop().execute(new Runnable() {
105             public void run() {
106                 if (localAddress == null) {
107                     channel.connect(remoteAddress, connectPromise);
108                 } else {
109                     channel.connect(remoteAddress, localAddress, connectPromise);
110                 }
111                 connectPromise.addListener(ChannelFutureListener.CLOSE_ON_FAILURE);
112             }
113         });
114     }
115 }
```

关于【代码 8-2】的说明如下：

从上面的源码中，可以看到 Bootstrap 类定义了一组 connect()重载方法。而在 connect()方法内是通过调用 doResolveAndConnect()方法、doResolveAndConnect0()方法和 doConenct()方法完成实际操作的。

不过，在 Bootstrap 类中没有找到 bind()方法的定义，其实 bind()方法是在 Bootstrap 类的父类 AbastractBootstrap 中定义的。下面，我们再看一下 bind()方法的具体实现代码（以下代码节选自最新的 Netty 4.x 版本中的 AbastractBootstrap.class 文件，为了阅读方便略作了一些删减改动）。

【代码8-3】（详见Netty源代码中AbastractBootstrap.class文件）

```
01  /* --- AbstractBootstrap.class --- */
02  public abstract class AbstractBootstrap
03      <B extends AbstractBootstrap<B, C>, C extends Channel>
```

```
04  implements Cloneable {
05    public ChannelFuture bind() {
06        this.validate();
07        SocketAddress localAddress = this.localAddress;
08        if (localAddress == null) {
09            throw new IllegalStateException("localAddress not set");
10        } else {
11            return this.doBind(localAddress);
12        }
13    }
14    public ChannelFuture bind(int inetPort) {
15        return this.bind(new InetSocketAddress(inetPort));
16    }
17    public ChannelFuture bind(String inetHost, int inetPort) {
18        return this.bind(SocketUtils.socketAddress(inetHost, inetPort));
19    }
20    public ChannelFuture bind(InetAddress inetHost, int inetPort) {
21        return this.bind(new InetSocketAddress(inetHost, inetPort));
22    }
23    public ChannelFuture bind(SocketAddress localAddress) {
24        this.validate();
25        return this.doBind(
26          (SocketAddress)ObjectUtil.checkNotNull(localAddress,
              "localAddress"));
27    }
28    private ChannelFuture doBind(final SocketAddress localAddress) {
29        final ChannelFuture regFuture = this.initAndRegister();
30        final Channel channel = regFuture.channel();
31        if (regFuture.cause() != null) {
32            return regFuture;
33        } else if (regFuture.isDone()) {
34            ChannelPromise promise = channel.newPromise();
35            doBind0(regFuture, channel, localAddress, promise);
36            return promise;
37        } else {
38            final AbstractBootstrap.PendingRegistrationPromise promise =
39             new AbstractBootstrap.PendingRegistrationPromise(channel);
40            regFuture.addListener(new ChannelFutureListener() {
41            public void operationComplete(ChannelFuture future) throws
              Exception {
```

```
42                  Throwable cause = future.cause();
43                  if (cause != null) {
44                      promise.setFailure(cause);
45                  } else {
46                      promise.registered();
47                      AbstractBootstrap.doBind0(
48                        regFuture, channel, localAddress, promise);
49                  }
50              }
51          });
52          return promise;
53      }
54  }
55 }
```

关于【代码 8-3】的说明如下：

从上面的代码中，可以看到 AbstractBootstrap 类定义了一组 bind() 重载方法，而在 bind() 方法内通过调用 doBind() 方法完成实际操作。

8.3.2 Bootstrap 客户端类介绍

Bootstrap 客户端引导类定义很多实用的属性和方法，说明如下：

- group()方法：设置 EventLoopGroup 用于处理所有的 Channel 的事件。
- channel()方法：channel()方法用于指定 Channel 的实现类。假如该类没有提供一个默认的构造函数，可以调用 channelFactory()方法来指定一个工厂类，以用于 bind()方法中调用。
- localAddress 属性：指定应该绑定到本地地址 Channel。如果没有定义，则由操作系统创建一个随机的。
- option 属性：用于设置 ChannelOption 和 ChannelConfig，这些选项将被 bind() 方法或 connect()方法在 Channel 中设置，具体顺序取决于哪个首先被调用。
- attr 属性：该选项将被 bind() 方法或 connect() 方法设置在 Channel 中，具体顺序取决于哪个首先被调用。
- handler 属性：设置添加到 ChannelPipeline 接口中的 ChannelHandler 接收事件通知。
- clone()方法：创建一个当前 Bootstrap 类的克隆，且保留原 Bootstrap 类相同的设置。
- remoteAddress 属性：设置远程地址。
- connect()方法：连接到远程端点，并返回一个 ChannelFuture 类型对象，用于通知连接操作完成。
- bind()方法：将通道绑定并返回一个 ChannelFuture 类型对象，用于通知绑定操作完成后必须通过调用Channel.connect()方法来建立实际连接。

8.3.3 Bootstrap 构建 NIO 客户端

本小节介绍如何通过该 Bootstrap 构建一个基本的 NIO 客户端，该客户端是基于 TCP 协议的。具体代码如下：

【代码8-4】

```
01  EventLoopGroup group = new NioEventLoopGroup();
02  Bootstrap bootstrap = new Bootstrap();
03  bootstrap.group(group)
04      .channel(NioSocketChannel.class)
05      .handler(new SimpleChannelInboundHandler<ByteBuf>() {
06          @Override
07          protected void channeRead0(
08              ChannelHandlerContext channelHandlerContext,
09              ByteBuf byteBuf) throws Exception {
10                  System.out.println("Received data");
11                  byteBuf.clear();
12          }
13      });
14      ChannelFuture future = bootstrap.connect(
15          new InetSocketAddress("https://netty.io", 8888));
16      future.addListener(new ChannelFutureListener() {
17      @Override
18      public void operationComplete(ChannelFuture channelFuture)
19          throws Exception {
20              if (channelFuture.isSuccess()) {
21                  System.out.println("Connection established");
22              } else {
23                  System.err.println("Connection attempt failed");
24                  channelFuture.cause().printStackTrace();
25              }
26          }
27      }
28  );
```

关于【代码 8-4】的说明如下：

- 第01行代码中，通过EventLoopGroup接口创建一个事件循环的内存池对象（group）。

- 第02行代码中，通过Bootstrap类创建一个新的、连接到客户端的对象（bootstrap）。
- 第03行代码中，通过bootstrap对象调用group()方法来绑定EventLoopGroup对象（group）。
- 第04行代码中，继续通过调用channel()方法来绑定Channel。
- 第05~13行代码中，继续设置处理器绑定Channel的事件与数据，其中第07~12行代码通过调用channeRead0()方法从通道读取数据。
- 第14~15行代码中，通过bootstrap对象调用connect()方法连接到远程端点（比如：服务器主机），并返回一个ChannelFuture对象（future）。
- 第16~27行代码通过future对象添加事件回调处理程序，打印输出相关回调信息和异常处理信息。

8.4 Bootstrap 服务器端

ServerBootstrap类可以用来引导服务器端，ServerBootstrap类自身在设计上沿用了Bootstrap类的一些逻辑。本节我们主要介绍 ServerBootstrap 类的引导原理以及一些常用的引导方法。

8.4.1 ServerBootstrap 服务器端引导原理

ServerBootstrap 类负责创建和引导服务器端应用程序，通过调用 childHandler()方法、childAttr()方法和 childOption()方法来实现服务器端的引导操作。基本原理如图 8.3 所示。

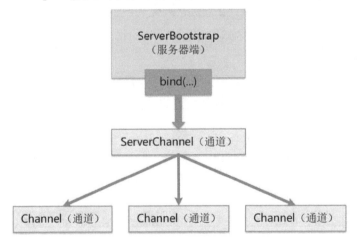

图 8.3　ServerBootstrap 类（服务器端）引导原理

ServerBootstrap 类在服务器端调用 bind()方法将创建并绑定一个 ServerChannel。然后，

ServerChannel 负责实现创建子 Channel，用于接受客户端的连接请求。

下面，我们看一下 ServerBootstrap 类的具体实现代码（以下代码节选自最新的 Netty 4.x 版本中的 ServerBootstrap.class 文件，为了阅读方便略作了一些删减改动）。

【代码8-5】（详见Netty源代码中ServerBootstrap.class文件）

```
01  /* --- ServerBootstrap.class --- */
02  public class ServerBootstrap
03    extends AbstractBootstrap<ServerBootstrap, ServerChannel> {
04      private final Map<ChannelOption<?>, Object> childOptions =
05       new ConcurrentHashMap();
06      private final Map<AttributeKey<?>, Object> childAttrs =
07       new ConcurrentHashMap();
08      private final ServerBootstrapConfig config =
09       new ServerBootstrapConfig(this);
10      private volatile EventLoopGroup childGroup;
11      private volatile ChannelHandler childHandler;
12      public ServerBootstrap() {
13      }
14      private ServerBootstrap(ServerBootstrap bootstrap) {
15          super(bootstrap);
16          this.childGroup = bootstrap.childGroup;
17          this.childHandler = bootstrap.childHandler;
18          this.childOptions.putAll(bootstrap.childOptions);
19          this.childAttrs.putAll(bootstrap.childAttrs);
20      }
21      public <T> ServerBootstrap childOption(
22          ChannelOption<T> childOption, T value) {
23        ObjectUtil.checkNotNull(childOption, "childOption");
24        if (value == null) {
25            this.childOptions.remove(childOption);
26        } else {
27            this.childOptions.put(childOption, value);
28        }
29        return this;
30      }
31      public <T> ServerBootstrap childAttr(
32          AttributeKey<T> childKey, T value) {
33        ObjectUtil.checkNotNull(childKey, "childKey");
34        if (value == null) {
35            this.childAttrs.remove(childKey);
```

```
36              } else {
37                  this.childAttrs.put(childKey, value);
38              }
39          return this;
40      }
41      public ServerBootstrap childHandler(ChannelHandler childHandler) {
42          this.childHandler = 
43          (ChannelHandler)ObjectUtil.checkNotNull(childHandler,
"childHandler");
44          return this;
45      }
46  }
```

关于【代码 8-5】的说明如下：

从上面的代码中，可以看到 childHandler()方法、childAttr()方法和 childOption()方法的实现过程。在这些方法中，主要是通过 put()方法和 remove()方法对相应的属性列表进行插入和删除操作。

8.4.2　ServerBootstrap 服务器端类介绍

ServerBootstrap 服务器端引导类定义很多实用的属性和方法，说明如下：

- group()方法：用于设置 ServerBootstrap 类的 EventLoopGroup 事件循环内存池，该 EventLoopGroup 提供了 ServerChannel 的 I/O 接口，同时接收 Channel。
- channel()方法：用于指定 Channel 的实现类。假如该类没有提供一个默认的构造函数，可以调用 channelFactory()方法来指定一个工厂类，以用在 bind()方法中调用。
- localAddress 属性：指定 ServerChannel 实例化的类。如果没有定义，则由操作系统创建一个随机的。
- option 属性：用于设置 ServerChannel 的 ChannelOption，这些选项将被 connect()方法在 Channel（通道）中设置，具体顺序取决于哪个被首先调用。
- attr 属性：该选项将被 connect()方法设置在 Channel 中，具体顺序取决于哪个被首先调用。
- childAttr 属性：应用属性到接收其的 Channel 上。
- handler 属性：设置添加 ServerChannel 的 ChannelPipeline 接口中的 ChannelHandler 接收事件通知。
- childHandler 属性：设置添加到接收其 Channel 的 ChannelPipeline 中的 ChannelHandler 上。对于 handler()和 childHandler()二者之间的区别是，前者是接收和处理 ServerChannel，后者添加处理器用于处理和接收 Channel（代表一个套接字绑定到一个远程端点）。
- clone()方法：创建一个当前 ServerBootstrap 类的克隆，且保留原 ServerBootstrap 类相同的

设置。
- bind()方法：将通道绑定并返回一个ChannelFuture类型对象。

8.4.3 ServerBootstrap 构建 NIO 服务器端

本小节介绍如何通过该 ServerBootstrap 构建一个基本的 NIO 服务器端，该服务器端是基于 TCP 协议的。具体代码如下：

【代码8-6】

```
01  NioEventLoopGroup group = new NioEventLoopGroup();
02  ServerBootstrap bootstrap = new ServerBootstrap();
03  bootstrap.group(group)
04      .channel(NioServerSocketChannel.class)
05      .childHandler(new SimpleChannelInboundHandler<ByteBuf>() {
06          @Override
07          protected void channelRead0(ChannelHandlerContext ctx,
08              ByteBuf byteBuf) throws Exception {
09                  System.out.println("Received data");
10                  byteBuf.clear();
11          }
12      }
13  );
14  ChannelFuture future = bootstrap.bind(new InetSocketAddress(8888));
15  future.addListener(new ChannelFutureListener() {
16      @Override
17      public void operationComplete(ChannelFuture channelFuture)
18          throws Exception {
19              if (channelFuture.isSuccess()) {
20                  System.out.println("Server bound");
21              } else {
22                  System.err.println("Bound attempt failed");
23                  channelFuture.cause().printStackTrace();
24              }
25          }
26      }
27  );
```

关于【代码8-6】的说明如下：

- 第01行代码中，通过NioEventLoopGroup接口创建一个事件循环的内存池对象（group）。

- 第02行代码中，通过ServerBootstrap类创建一个新的、连接到服务器端的对象（bootstrap）。
- 第03行代码中，通过bootstrap对象调用group()方法来绑定NioEventLoopGroup对象（group），并创建新的SocketChannel通道。
- 第04行代码中，继续通过调用channel()方法来指定Channel类型（NioServerSocketChannel）。
- 第05行代码中，继续通过调用childHandler()方法设置子处理器，来处理接收Channel的I/O接口和数据信息。
- 第07~12行代码通过调用channelRead0()方法从通道读取数据。
- 第14行代码中，通过bootstrap对象调用bind()方法绑定主机地址，并返回一个ChannelFuture对象（future）。
- 第15~27行代码通过future对象添加事件回调处理程序，打印输出相关回调信息和异常处理信息。

8.5 从 Channel 引导客户端

在有些特殊场景下，需要通过另一个 Channel 引导客户端的 Channel。由于 EventLoop 继承自 EventLoopGroup 接口，这为该引导方式提供了技术支持。

具体操作方法是，通过传递接收到的 Channel 的 EventLoop，再传给 Bootstrap 的 group()方法就可以完成。从 Channel 引导客户端，允许客户端 Channel 来操作相同的 EventLoop，这样既可以消除了额外的线程创建，又可以降低所有相关的上下文切换带来的开销。

从 Channel 引导客户端的基本原理如图 8.4 所示。

ServerBootstrap 服务器端通过调用 bind()方法创建一个新的 ServerChannel 通道。ServerChannel 接收新连接后，就可以继续创建若干子 Channel 以接受客户端的连接了。Channel 自己可以创建 Bootstrap（相当于客户端），然后通过调用 connect()方法创建一个新的 Channel，并连接到远程端点。最后，借助 EventLoop 接收通过 connect()方法创建的连接后，就可以实现在 Channel 间共享 EventLoop。

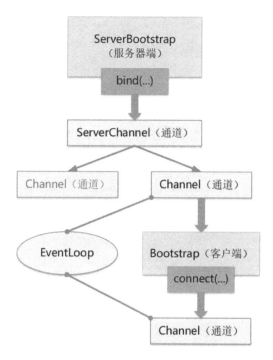

图 8.4　Bootstrap 类从 Channel 引导客户端

下面是使用 Bootstrap 类从 Channel 引导客户端的具体代码。

【代码8-7】

```
01  ServerBootstrap bootstrap = new ServerBootstrap();
02  bootstrap.group(new NioEventLoopGroup(),
03     new NioEventLoopGroup()).channel(NioServerSocketChannel.class)
04        .childHandler(
05           new SimpleChannelInboundHandler<ByteBuf>() {
06           ChannelFuture connectFuture;
07           @Override
08           public void channelActive(
09              ChannelHandlerContext ctx) throws Exception {
10              Bootstrap bootstrap = new Bootstrap();
11              bootstrap.channel(NioSocketChannel.class)
12                 .handler(
13                    new SimpleChannelInboundHandler<ByteBuf>() {
14                       @Override
15                       protected void channelRead0(
16                          ChannelHandlerContext ctx, ByteBuf in) throws Exception
```

```
{
17                        System.out.println("Received data");
18                    }
19                });
20             bootstrap.group(ctx.channel().eventLoop());
21             connectFuture =
22             bootstrap.connect(new InetSocketAddress("https://netty.io",
8888));
23         }
24         @Override
25         protected void channelRead0(
26            ChannelHandlerContext channelHandlerContext,
27            ByteBuf byteBuf) throws Exception {
28            if (connectFuture.isDone()) {
29                // do something with the data
30            }
31         }
32    });
33 ChannelFuture future = bootstrap.bind(new InetSocketAddress(8888));
34 future.addListener(new ChannelFutureListener() {
35    @Override
36    public void operationComplete(
37        ChannelFuture channelFuture) throws Exception {
38        if (channelFuture.isSuccess()) {
39            System.out.println("Server bound");
40        } else {
41            System.err.println("Bound attempt failed");
42            channelFuture.cause().printStackTrace();
43        }
44    }
45 });
```

关于【代码8-7】的说明如下：

- 第01行代码中，通过ServerBootstrap类创建一个新的SocketChannel通道，并绑定到对象（bootstrap）。
- 第02行代码中，通过bootstrap对象调用group()方法来指定EventLoopGroups，然后从ServerChannel通道注册并获取EventLoops对象。
- 第03行代码中，继续通过调用channel()方法来指定Channel的具体类型。
- 第04~05行代码中，继续设置处理器绑定Channel的事件与数据。

- 第06行代码中，定义了一个ChannelFuture对象（connectFuture）。
- 第10行代码中，创建一个新的Bootstrap对象（bootstrap）来连接到远程主机。
- 第11行代码中，通过调用channel()方法设置通道类（NioSocketChannel）。
- 第12~13行代码中，继续设置处理器绑定Channel的事件与数据。
- 第20行代码中，使用相同的EventLoop设置分配到接收Channel。
- 第21~22行代码中，通过调用connect()方法连接到远程端点。
- 第33行代码中，通过调用bind()方法把配置完成的新Bootstrap对象绑定到Channel上。

8.6 服务器端配置两个 EventLoopGroup

在开发 ServerBootstrap 服务器端时往往会遇到很复杂的情况，比如 ServerChannel 通道既需要处理已连接的客户端服务，又需要监听未连接的客户端请求。此时，如果服务器端仅仅使用一个 EventLoopGroup 就会显得力不从心。于是，Netty 设计人员提出了配置两个 EventLoopGroup 的开发模式。

具体来讲就是将服务器端的 Channel（通道）分为两组，其中一组包含了服务端已接受的客户端连接（类似于 NIO 的 SocketChannel），另一组则只包含 ServerChannel 通道，表示服务器已绑定的端口中、正在监听的套接字通道（类似于 NIO 的 ServerSocketChannel）。

下面是关于使用 ServerBootstrap 服务器类配置两个 EventLoopGroup 开发模式的具体代码。

【代码8-8】

```
01  EventLoopGroup bossGroup = new NioEventLoopGroup();
02  EventLoopGroup workerGroup = new NioEventLoopGroup();
03  try {
04      ServerBootstrap bootstrap = new ServerBootstrap();
05      bootstrap.group(bossGroup, workerGroup);
06      bootstrap.channel(NioServerSocketChannel.class);
07      bootstrap.localAddress(port);
08      bootstrap.childHandler(new ChannelInitializer<SocketChannel>() {
09          @Override
10          protected void initChannel(SocketChannel ch) throws Exception {
11              ch.pipeline().addLast(new EchoServerHandler());
12          }
13      });
14      ChannelFuture future = bootstrap.bind().sync();
15      future.channel().closeFuture().sync();
```

```
16  } finally {
17      bossGroup.shutdownGracefully().sync();
18  }
```

关于【代码 8-8】的说明如下：

这段代码最显著的特点就是第 01~02 行代码，分别定义了两个 EventLoopGroup 对象（bossGroup 和 workerGroup），这就是 ServerBootstrap 服务器端配置两个 EventLoopGroup 的基本使用方法。

下面，我们看一下 ServerBootstrap 类配置两个 EventLoopGroup 实例的设计模式具体是如何实现的（以下代码节选自最新的 Netty 4.x 版本中的 ServerBootstrap.class 文件，为了阅读方便略作了一些删减改动）。

【代码8-9】（详见Netty源代码中ServerBootstrap.class文件）

```
01  /* --- ServerBootstrap.class --- */
02  public class ServerBootstrap
03      extends AbstractBootstrap<ServerBootstrap, ServerChannel> {
04      private volatile EventLoopGroup childGroup;
05      private volatile ChannelHandler childHandler;
06      /*
07       * group(EventLoopGroup group)
08       */
09      public ServerBootstrap group(EventLoopGroup group) {
10          return this.group(group, group);
11      }
12      /*
13       * group(EventLoopGroup parentGroup, EventLoopGroup childGroup)
14       */
15      public ServerBootstrap group(
16      EventLoopGroup parentGroup, EventLoopGroup childGroup) {
17          super.group(parentGroup);
18          if (this.childGroup != null) {
19              throw new IllegalStateException("childGroup set already");
20          } else {
21              this.childGroup =
22      (EventLoopGroup)ObjectUtil.checkNotNull(childGroup, "childGroup");
23              return this;
24          }
25      }
26  }
```

关于【代码 8-9】的说明如下：

从以上代码可以看出，在 ServerBootstrap 类中的第 09~11 行代码和第 15~25 行代码中，分别定义了两个 group() 重载方法。如果我们向 ServerBootstrap 的 group() 方法中传入一个 EventLoopGroup 对象，在该方法内部会再次调用 group(group, group) 重载方法，也就是将 parentGroup 和 childGroup 均设置为 group，这相当于将处理 I/O 操作和接收连接的任务都交给了同一个 EventLoopGroup 来处理。

8.7 小结

本章主要介绍了 Netty Bootstrap（引导）技术，内容具体包括 Bootstrap 基础、Bootstrap 客户端引导的应用、ServerBootstrap 服务器端引导的应用、如何从 Channel 引导客户端，以及服务器端配置两个 EventLoopGroup 的设计模式等。

第 9 章

项目实战：基于 WebSocket 搭建 Netty 服务器

本章的项目实战是如何基于 WebSocket 协议搭建一个 Netty 响应服务器应用程序。这个项目的客户端通过一个基于 WebSocket 协议的 HTML5 网页构建，将信息发送给服务器端进行响应处理后再返回客户端。

本章主要包括以下内容：

- WebSocket内容介绍
- 构建Netty响应服务器应用程序框架
- 编写服务器端代码
- 编写客户端代码
- 调试运行应用程序

9.1 WebSocket 协议

由于我们要实现一个基于 WebSocket 协议的 Netty 响应服务器应用程序，这里就有必要先了解一下关于 WebSocket 协议的内容。

9.1.1 WebSocket 介绍

WebSocket 是一种在单个 TCP 的连接上进行全双工通信的协议，其工作在 OSI 七层网络协议架构的应用层（第 7 层）。WebSocket 通信协议的年龄不大，大约在 2011 年才被确定业内标准。同时，HTML5 定义了相关的 WebSocket API 规范，自然也属于了 W3C 标准。

WebSocket 协议使得客户端和服务器之间的数据交换过程更加简单，允许服务端与客户端相互主动发送数据，这一点与传统的网络协议有很大的不同，我们在后面会详细介绍。

WebSocket 协议内建于支持 HTML5 的浏览器，基于 WebSocket API 的浏览器（客户端）与服务器之间只需要完成一次握手操作，两者之间就可以直接创建持久性的连接，进行全双工的双向数据传输。

9.1.2 WebSocket 与 Socket

对于初次接触 WebSocket 协议的读者，可能都会把它与 Socket（套接字）联系到一起，猜测 WebSocket 可能是在 Socket 基础上的扩展。那 WebSocket 与 Socket 究竟有无实际关联呢？

WebSocket 与 Socket 并没有实质上的关联关系。严格意义上讲，Socket 自身并不属于任何一种网络协议。相信大多数读者都对 OSI 七层网络协议架构有一定了解，Socket 工作在会话层（第 5 层）。Socket 应当理解为是对底层的 TCP 协议和 UDP 协议的一个抽象的封装，便于开发人员进行实际开发。因此，Socket 本质上是一套开发接口标准（Socket API），诸如 C、Java 和 Python 等高级编程语言都提供 Socket API 开发功能。

总之，WebSocket 协议工作在应用层，它与 Socket 没有实质上的关联。

9.1.3 WebSocket 与 HTTP 和 TCP

如果说 WebSocket 协议与什么协议有实质关联的话，那么 HTTP 协议和 TCP 协议是能够算进去的。

首先，HTTP 与 WebSocket 都是工作在应用层（第 7 层）的协议，都是接近终端用户的。二者区别是，HTTP 协议需要通过著名的"三次握手"来建立与服务器端的连接，而 WebSocket 协议仅仅需要"一次握手"就能建立连接。

其次，无论是 HTTP 协议和 WebSocket 协议，都通过底层的 TCP 协议来完成工作，TCP 协议是 HTTP 协议和 WebSocket 协议功能实现的基础。这也是为什么 TCP 协议工作在传输层（第 4 层），HTTP 协议和 WebSocket 协议都工作在应用层（第 7 层）的原因。

最后，WebSocket 协议基于 HTTP 协议实现，但又不完全依赖于 HTTP 协议。这句话该怎么理解呢？简单描述就是，在 HTTP 协议通过"三次握手"与服务器端建立连接后，具体工作就会交由 TCP 协议来完成。WebSocket 协议在基于 HTTP 协议与服务器端建立连接后，就会抛开 HTTP 协议直接通过 TCP 协议来完成实际操作了。这就是 WebSocket 协议与 HTTP 协议之间的实际关系。

9.2 构建 Netty 响应服务器应用程序框架

本节介绍基于 WebSocket 协议构建 Netty 响应服务器，在应用程序架构上借助了 Maven 构建工具。下面说明一下构建过程。

9.2.1 Maven 构建工具配置

如果没有安装 Maven 工具开发包的读者，可以从 Apache 的 Maven 官方网站（https://maven.apache.org/）下载。Maven 目前算得上是最流行开发构建工具了，具体开发环境的配置方法比较简单，相关书籍资料或网络资料很容易找到，这里就不详细介绍了。

在配置好 Maven 开发环境后，可以在终端控制台通过 "mvn -v" 命令检测一下是否配置成功，具体效果如图 9.1 所示。从输出的控制台信息可以看到 Maven 的版本号和安装路径，JDK 的版本号和安装路径，以及操作系统的一些相关信息。

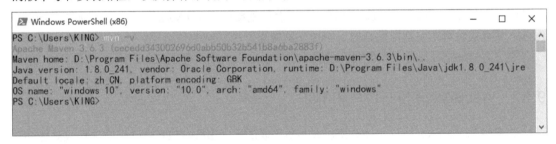

图 9.1　Maven 开发环境检测

Maven 开发环境配置好了以后，需要在 Maven 的配置文件（settings.xml）中添加或修改 Maven 的仓库路径，定义为自己需要的仓库路径，如下所示：

```
<localRepository>D:\m2repository</localRepository>
```

Maven 在构建应用程序时会自动下载各种所需的开发包，这个 Maven 仓库就是存储这些开发包的地方。

9.2.2　IntelliJ IDEA 通过 Maven 构建应用程序

　　Maven 构建工具配置好后，就可以通过 Maven 构建应用程序了。Maven 支持纯命令行的构建方式，操作上相对有些烦琐。IntelliJ IDEA 开发工具内置了 Maven 插件，通过 Maven 插件同样可以构建应用程序。其实，IntelliJ IDEA 的 Maven 插件方式与 Maven 纯命令行方式是一致的，IntelliJ IDEA 开发平台将 Maven 命令进行封装，提高了可视化效果。

　　（1）在 IntelliJ IDEA 开发平台上简单配置一下 Maven 插件，找到"File"→"Settings…"列表项，打开如图 9.2 所示的对话框窗口。

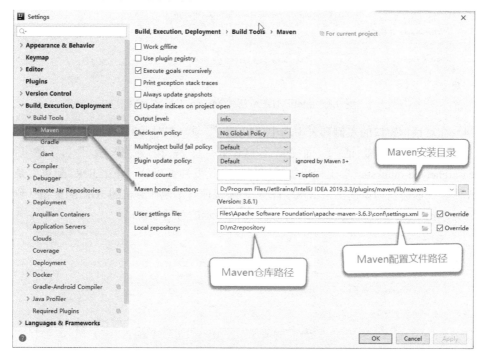

图 9.2　IntelliJ IDEA 配置 Maven 插件

　　（2）在对话框窗口的左侧树形列表中，找到 Maven 构建插件工具项，在对话框窗口的右侧会看到图中标识所指的"Maven 安装目录"、"Maven 配置文件路径"和"Maven 仓库路径"。这里的配置方法很简单，根据本地计算机的 Maven 环境设置就可以了。

　　（3）IntelliJ IDEA 开发平台的 Maven 插件配置好后，就可以通过新建 Maven 项目构建应用程序了。依次单击"File"→"New"→"Projects"列表项，打开如图 9.3 所示的对话框窗口。

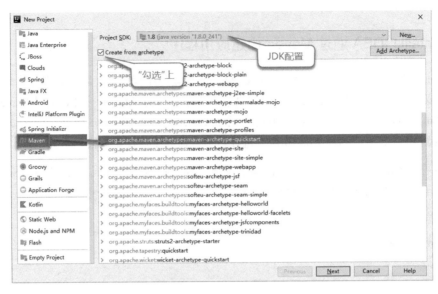

图 9.3 IntelliJ IDEA 新建 Maven 工程（一）

（4）在对话框窗口的左侧列表中选中"Maven"项，在对话框窗口右侧先勾选上"Create from archetype"来激活下面的"Maven 工程构建模板"，然后选中"maven-archetype-quickstart"工程模板就可以了。还要注意确认一下"JDK 配置"是否正确（IDEA 平台一般会自动识别出来 JDK 路径），要保证与本地计算机的 JDK 配置相一致。

（5）单击 Next 按钮进入下一步，弹出图 9.4 所示的对话框窗口。

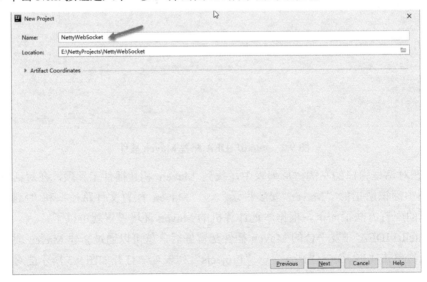

图 9.4 IntelliJ IDEA 新建 Maven 工程（二）

（6）在"Name"输入框中填写本工程的名称（NettyWebSocket）。继续单击 Next 按钮进入下一步，弹出图 9.5 所示的对话框窗口。

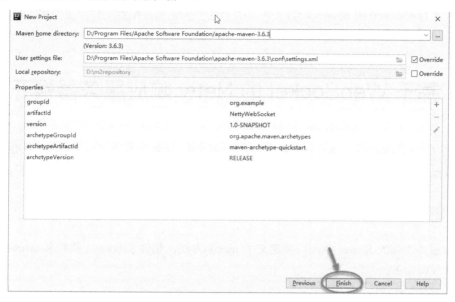

图 9.5　IntelliJ IDEA 新建 Maven 工程（三）

（7）确认好 Maven 安装路径、配置文件和仓库路径无误后，单击 Finish 按钮就能创建工程项目了。

9.2.3　Maven 工程架构目录

基于"maven-archetype-quickstart"工程模板构建的 Maven 工程，会自动创建项目所需工程架构目录及相关文件，如图 9.6 所示。

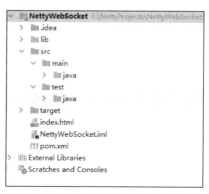

图 9.6　Maven 工程架构目录

"src"子目录用于存放 Java 源文件,"lib"子目录(手动创建)仍旧存放"netty-all-4.1.48.Final.jar"开发包文件,"target"子目录存放生成的二进制.class 文件,此外还有一个名称为 pom.xml 的 Maven 配置文件。关于这个 pom.xml 配置文件,主要用于描述 Maven 导入的开发包之间的依赖关系,是 Maven 构建工具的核心文件。

9.3 基于 WebSocket 的 Netty 响应服务器端开发

对于基于 WebSocket 的 Netty 响应服务器应用程序,关键部分是通过 Netty 框架构建服务器端的响应程序,具体说明如下。

9.3.1 服务器端 Server 主入口类

响应服务器端的 Server 主入口类定义了 main()方法,包含了 boss 主线程和 worker 工作线程,具体代码如下。

【代码9-1】

(详见源代码 NettyWebSocket\src\...\server\NettyWebSocketServer.java 文件)

```
01  import io.netty.bootstrap.ServerBootstrap;
02  import io.netty.channel.ChannelFuture;
03  import io.netty.channel.EventLoopGroup;
04  import io.netty.channel.nio.NioEventLoopGroup;
05  import io.netty.channel.socket.nio.NioServerSocketChannel;
06  /**
07   * Netty WebSocket Server {
08   */
09  public class NettyWebSocketServer {
10      /**
11       * main entry
12       * @param args
13       * @throws Exception
14       */
15      public static void main(String[] args) throws Exception {
16          System.out.println( "NettyWebSocketServer: main()" );
17          /*
18           * 定义 {boss, worker} 线程组
19           */
```

```
20        // TODO：主线程组 - 用于接受客户端的连接
21        EventLoopGroup bossGroup = new NioEventLoopGroup();
22        // TODO：工作线程组 - 负责IO交互工作
23        EventLoopGroup workerGroup = new NioEventLoopGroup();
24        try {
25            // TODO：netty 服务器的创建，辅助工具类，用于服务器通道的一系列配置
26            ServerBootstrap server = new ServerBootstrap();
27            // TODO：绑定两个线程组
28            server.group(bossGroup, workerGroup)
29                    // TODO：指定NIO的模式
30                    .channel(NioServerSocketChannel.class)
31                    // TODO：用于处理workerGroup 子处理器
32                    .childHandler(new NettyWebSocketServerInitialzer());
33            // TODO：启动server，并且设置8086为启动的端口号，同时启动方式为同步
34            ChannelFuture future = server.bind(8086).sync();
35            //TODO：监听关闭的channel，设置为同步方式
36            future.channel().closeFuture().sync();
37        } finally {
38            // TODO：退出线程组
39            bossGroup.shutdownGracefully();
40            workerGroup.shutdownGracefully();
41        }
42    }
43 }
```

关于【代码9-1】的说明如下：

- 第01~05行代码中，通过import指令引入了响应服务器端NettyWebSocketServer主入口类所需要的Netty框架核心模块。
- 第09行代码定义了响应服务器端NettyWebSocketServer主入口类。
- 第15~42行代码定义了NettyWebSocketServer主入口类的main()方法，具体内容如下：
    - 第20~23行代码定义了一组NioEventLoopGroup对象（bossGroup和workerGroup）。其中，第21行代码定义的bossGroup对象用于创建主线程、处理客户端的连接；第23行代码定义的workerGroup对象用于创建工作线程、处理连接后的I/O读写请求的交互工作。
    - 第26行代码定义了一个ServerBootstrap对象（server），ServerBootstrap是一个启动NIO服务的辅助工具类，核心功能就是用于服务器初始化及服务器通道的一系列配置。
    - 第28行代码通过server对象调用group()方法，将bossGroup主线程和workerGroup工

作线程绑定到 ServerBootstrap 启动类上。
- 第30行代码继续调用channel()方法指定NIO模式（NioServerSocketChannel）。
- 第32行代码继续调用childHandler()方法处理工作线程（workerGroup）绑定的子处理器（NettyWebSocketServerInitialzer子处理器类，后文中进行详细介绍）。
- 第34行代码定义了一个ChannelFuture对象（future），通过bind()方法绑定端口（8086），并通过sync()方法定义启动方式为同步方式。
- 第36行代码通过future对象关闭了监听的Channel（通道），并设置为同步方式。
- 第39~40行代码中，通过调用shutdownGracefully()方法退出线程组（bossGroup主线程和workerGroup工作线程）。

9.3.2 服务器端 Server 子处理器类

响应服务器端的 Server 子处理器类是 Server 主入口类的辅助类，用于对 worker 工作线程进行功能扩展，请看如下具体代码。

【代码9-2】

（详见源代码 NettyWebSocket\src\...\server\NettyWebSocketServerInitialzer.java 文件）

```
01  import io.netty.channel.ChannelInitializer;
02  import io.netty.channel.ChannelPipeline;
03  import io.netty.channel.socket.SocketChannel;
04  import io.netty.handler.codec.http.HttpObjectAggregator;
05  import io.netty.handler.codec.http.HttpServerCodec;
06  import io.netty.handler.codec.http.websocketx.WebSocketServerProtocolHandler;
07  import io.netty.handler.stream.ChunkedWriteHandler;
08  /**
09   * NettyWebSocketServerInitialzer 子处理器类
10   */
11  public class NettyWebSocketServerInitialzer extends ChannelInitializer<SocketChannel> {
12      @Override
13      protected void initChannel(SocketChannel ch) throws Exception {
14          ChannelPipeline pipeline = ch.pipeline();
15          /**
16           * websocket 基于 http 协议，所以要有 http 编解码器
17           * 服务端编解码器用 HttpServerCodec
18           */
19          pipeline.addLast(new HttpServerCodec());
```

```
20          // TODO: 针对写大数据流的支持
21          pipeline.addLast(new ChunkedWriteHandler());
22          // TODO: 针对数据聚合的支持
23          pipeline.addLast(new HttpObjectAggregator(1024*32));
24          /**
25           * 针对websocket服务器处理的协议
26           * 用于指定给客户端连接访问的路由：/websocket
27           */
28          pipeline.addLast(new
WebSocketServerProtocolHandler("/websocket"));
29          // TODO: 自定义的handler
30          pipeline.addLast(new NettyWebSocketServerHandler());
31     }
32 }
```

关于【代码 9-2】的说明如下：

- 第01~07行代码中，通过import指令引入了响应服务器端NettyWebSocketServerInitialzer子处理器类所需要的Netty框架核心模块。
- 第11行代码定义了响应服务器端NettyWebSocketServerInitialzer子处理器类，该类继承自ChannelInitializer接口。
- 第13~31行代码重写了ChannelInitializer接口定义的initChannel()方法，该方法定义了一个SocketChannel类型的参数，具体内容如下：
    - 第14行代码定义了一个ChannelPipeline（管道）对象（pipeline）。
    - 第19行代码通过pipeline对象调用addLast()方法，指定了服务端所用的编解码器为HttpServerCodec。因为WebSocket基于HTTP协议，因此要用HTTP的编解码器。
    - 第21行代码继续通过pipeline对象调用addLast()方法，添加了针对写大数据流的支持。
    - 第23行代码继续通过pipeline对象调用addLast()方法，添加了针对数据聚合的支持。因为服务器端通常接收到的是一个一个的数据片段，如果想一次完整地接收请求的所有数据，就需要绑定HttpObjectAggregator接口，这样收到的就是一个完整的请求信息。
    - 第28行代码继续通过pipeline对象调用addLast()方法，针对WebSocket服务器处理的协议，用于指定给客户端连接访问的路由（本例为：/websocket）。
    - 第30行代码再次通过pipeline对象调用addLast()方法，指定了自定义的handler处理类（下面进行介绍）。

9.3.3 服务器端 Handler 辅助类

响应服务器端的 handler 类也是针对 Server 主入口类的辅助类，同样是对 worker 工作线程的功能扩展，请看如下具体代码。

【代码9-3】

（详见源代码 NettyWebSocket\src\...\server\NettyWebSocketServerHandler.java 文件）

```
01  import io.netty.channel.ChannelHandlerContext;
02  import io.netty.channel.SimpleChannelInboundHandler;
03  import io.netty.channel.group.ChannelGroup;
04  import io.netty.channel.group.DefaultChannelGroup;
05  import io.netty.handler.codec.http.websocketx.TextWebSocketFrame;
06  import io.netty.util.concurrent.GlobalEventExecutor;
07  /**
08   * @Description：处理消息的 handler
09   * TextWebSocketFrame：处理文本的对象
10   * frame：消息的载体
11   */
12  public class NettyWebSocketServerHandler
13      extends SimpleChannelInboundHandler<TextWebSocketFrame> {
14      // TODO：用于记录和管理所有客户端的 channle
15      private static ChannelGroup clients =
16      new DefaultChannelGroup(GlobalEventExecutor.INSTANCE);
17      @Override
18      protected void channelRead0(
19          ChannelHandlerContext ctx,
20          TextWebSocketFrame msg) throws Exception {
21          // TODO：获取客户端传输过来的消息
22          String content = msg.text();
23          System.out.println("Received data: " + content);
24          // TODO：向客户端发送数据
25          clients.writeAndFlush(
26              new TextWebSocketFrame("This is server, received data: " +
content));
27      }
28      /**
29       * 当客户端连接服务端之后（打开连接）获取客户端的 channle
30       * 并且放到 ChannelGroup 中去进行管理
```

```
31      */
32     @Override
33     public void handlerAdded(ChannelHandlerContext ctx) throws Exception {
34        clients.add(ctx.channel());
35     }
36     /**
37      * remove handler
38      * @param ctx
39      * @throws Exception
40      */
41     @Override
42     public void handlerRemoved(ChannelHandlerContext ctx) throws Exception {
43        System.out.println(
44           "Client shut, channle's long id is "
45           +
46           ctx.channel().id().asLongText());
47        System.out.println(
48           "Client shut, channle's short id is "
49           +
50           ctx.channel().id().asShortText());
51     }
52  }
```

关于【代码9-3】的说明如下：

- 第01~06行代码中，通过import指令引入了响应服务器端NettyWebSocketServerHandler辅助类所需要的Netty框架核心模块。
- 第12~13行代码定义了响应服务器端NettyWebSocketServerInitialzer子处理器类，该类继承自SimpleChannelInboundHandler接口。
- 第15~16行代码中定义了一个ChannelGroup类对象（clients），用于记录和管理所有客户端的channle（通道）。
- 第18~27行代码重写了SimpleChannelInboundHandler接口定义的channelRead0()方法，该方法定义了一个ChannelHandlerContext类型参数（ctx）和一个TextWebSocketFrame类型参数（msg），具体内容如下：
  - 第22行代码中，通过调用msg对象的text()方法获取客户端传输过来的消息。
  - 第25~26行代码中，通过调用clients对象的writeAndFlush()方法，向客户端回写编辑后数据。
- 第33~35行代码重写了SimpleChannelInboundHandler接口定义的handlerAdded()方法，该

方法定义了一个ChannelHandlerContext类型参数（ctx）。该方法用于当客户端连接服务器端后（打开连接）获取的客户端Channle（通道），并通过调用clients对象的add()方法将客户端Channle（通道）添加进ChannelGroup中进行管理。

9.4 基于 WebSocket 的 Netty 响应客户端开发

客户端通过一个 HTML5 网页实现，利用 HTML5 对 WebSocket 协议的支持。在客户端只需要实现通过 WebSocket 协议实现向服务器端发送消息的功能就可以了。

【代码9-4】（详见源代码NettyWebSocket\index.html文件）

```
01  <!DOCTYPE html>
02  <html lang="en">
03  <head>
04      <meta http-equiv="content-type" content="text/html; charset=utf-8" />
05      <title>Netty WebSocket Client</title>
06  </head>
07  <body onload="initWebSocket();">
08  <script type="text/javascript">
09      // TODO: define WebSocket object
10      var ws;
11      /**
12       * init Websocket
13       */
14      function initWebSocket() {
15          if("WebSocket" in window) {
16              console.log("Your browser supports WebSocket!");
17              // TODO: open a web socket
18              ws = new WebSocket("ws://localhost:8086/websocket");
19              ws.onopen = function() {
20                  // TODO: Web Socket has established, send data to server
21                  console.log("Send data...");
22                  ws.send("send WebSocket open to server");
23              };
24              ws.onmessage = function(ev) {
25                  var received_msg = ev.data;
26                  console.log("Data has been received...");
27                  let divRespText =
```

```
            document.getElementById("id-span-respText");
28                  divRespText.innerHTML += received_msg + "<br>";
29              };
30              ws.onclose = function() {
31                  // TODO: close websocket
32                  console.log("Connect is closed...");
33              };
34          } else {
35              // TODO: Your browser does not support WebSocket
36              console.log("Your browser does not support WebSocket!");
37          }
38      }
39      /**
40       * send message to WebSocket server
41       * @param msg
42       */
43      function send(msg){
44          if(!window.WebSocket) {
45              return;
46          }
47          if(ws.readyState == WebSocket.OPEN) {
48              ws.send(msg);
49          } else {
50              console.log("WebSocket connect does not establish!");
51          }
52      }
53      function onSendDataClick() {
54          let inputData = document.getElementById("id-input-data");
55          let lMsg = inputData.value;
56          send(lMsg);
57      }
58  </script>
59  <div class="divCenter">
60      <h3>基于 WebSocket 搭建 Netty 响应服务器</h3>
61      <form>
62          <input type="text" value="pls enter text..." id="id-input-data" />
63          <input type="button" value="send to server"
                onclick="onSendDataClick();" />
64          <br><br><br>
65          <span class="spanLeft">服务器响应消息:</span>
```

```
66         <span class="spanLeft" id="id-span-respText"></span>
67     </form>
68 </div>
69 </body>
70 </html>
```

关于【代码 9-4】的说明如下：

- 第15行代码定义的if条件语句，用于判断当前浏览器是否支持WebSocket协议。目前主浏览器已经实现了HTML5的WebSocket协议功能。
- 第18行代码中，通过new关键字打开了一个WebSocket，注意绑定的地址路径与服务器端定义的一致（ws://localhost:8086/websocket）。
- 第19~23行代码中，定义了当WebSocket的连接状态（readyState）打开时（变为"OPEN"）的回调方法，这表明当前连接已经准备好发送和接收数据了。
- 第24~29行代码中，定义了当WebSocket的连接状态（readyState）为接收服务器返回数据时的回调方法。其中，第22行代码通过调用WebSocket的send()方法向服务器端发送数据。
- 第30~33行代码中，定义了当WebSocket的连接状态（readyState）关闭时（变为"CLOSED"）的回调方法。

9.5 测试运行 Netty 应用程序

下面还是使用 IntelliJ IDEA 开发工具平台测试运行 NettyWebSocket 响应服务器应用程序。

（1）在主菜单中通过运行（Run）菜单中的"Run"命令运行 NettyWebSocketServer.java 主入口类文件，此时运行窗口中会有相应的信息提示，如图 9.7 所示。

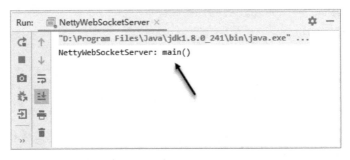

图 9.7　测试运行 NettyWebSocket 服务器端程序（一）

运行窗口中输出的调试信息证明 NettyWebSocket 应用程序的服务器端已经正确运行了。

（2）通过 FireFox 浏览器运行客户端 HTML5 页面，打开 WebSocket 服务器路径

(ws://localhost:8086/websocket),如图 9.8 所示。

图 9.8　测试运行 NettyWebSocket 客户端程序（一）

从图中可以看到，浏览器客户端中成功获取了由服务器端传回来的一行字符串数据信息。

（3）此时再返回服务器端的运行窗口查看一下，看看运行输出的调试信息会有什么变化，如图 9.9 所示。

图 9.9　验证 NettyWebSocket 服务器端程序（二）

（4）再返回浏览器客户端的页面中，尝试通过在文本输入框中输入消息发送给 NettyWebSocket 响应服务器，如图 9.10 和图 9.11 所示。客户端通过 WebSocket 协议发送给响应服务器端的数据，被服务器端略作编辑后返回给客户端了。

图 9.10　验证 NettyWebSocket 客户端程序（二）

图 9.11　验证 NettyWebSocket 客户端程序（三）

（5）再返回服务器端的运行窗口查看一下，看看运行输出的调试信息会有什么变化，如图 9.12 所示。客户端通过 WebSocket 协议发送给响应服务器端的数据，响应服务器端已经成功接收了。

第 9 章 项目实战：基于 WebSocket 搭建 Netty 服务器 | 207

图 9.12 验证 NettyWebSocket 服务器端程序（三）

9.6 小结

本章主要介绍了如何基于 WebSocket 协议构建一个完整的 Netty 响应服务器应用程序，内容包括开发平台搭建与项目构建方法，以及服务器端和客户端应用程序的开发过程。

第 10 章

项目实战：基于 Netty 构建消息推送系统

本章的项目实战是基于 WebSocket 协议的特性，构建一个 Netty 消息推送系统应用程序。本应用将创建两类客户端，一类是用于测试的 HTML5 网页；另一类是基于 Netty 构建的、用于通过服务器推送消息的客户端。

本章主要包括以下内容：

- WebSocket特点
- Netty消息推送系统应用程序架构
- 编写服务器端代码
- 编写客户端代码
- 调试运行应用程序

10.1 WebSocket 特点

在前一章中，我们对 WebSocket 协议做了一个基本的介绍，这里再补充一些 WebSocket 协议的特点。

我们已经知道 WebSocket 协议是基于 HTTP 协议设计的，但又不完全依赖于 HTTP 协议。WebSocket 协议可以绕过 HTTP 协议，而直接使用 TCP 协议。那 WebSocket 协议为什么要这样设计呢？

在传统的 Web 应用中要实现实时通信，通用的方式就是基于 HTTP 协议不断发送请求。HTTP 协议虽然是应用层协议，但底层还是基于 TCP 协议实现的，因此 HTTP 协议建立连接也必须经过著名的"三次握手"才能实现。在如今移动互联网这种海量实时通信的需求下，HTTP 协议方式既浪费带宽（由 HTTP 体量决定的），又消耗服务器资源。因此，WebSocket 协议就是在满足这种日益增长的海量实时通信需求而设计出来的。

HTTP 链接（无论是长链接、还是短链接）都必须通过"三次握手"的方式才能连接成功。客户端与服务器端在建立连接成功后，双方的通信必须先由客户端发起，服务器端接收后进行处理，然后再返回给客户端。在这个过程中，客户端是主动的，服务器是被动的。

WebSocket 协议恰恰解决了这个痛点，WebSocket 链接的建立只需要一次 request/response 通信就可以完成，而且是持久的长链接方式。更让人惊喜的是，服务器端不需要客户端发动请求信息，就可以主动向客户端发送信息。因此，WebSocket 协议实现了服务器端与客户端之间的、基于多路复用的全双工通信模式。WebSocket 协议的这个特点，是实现当前移动互联网应用中"消息推送"功能的关键。

10.2　Netty 消息推送系统应用程序架构

本章介绍的 Netty 消息推送系统应用，在应用程序架构上依旧借助了 Maven 构建工具，具体过程可参考前一章的内容。这里主要介绍一下工程架构目录及相关文件，如图 10.1 所示。

工程目录名称为"NettyPushMessage"，符合消息推送系统的英文含义。首先，"src"子目录用于存放 Java 源文件，其中的"client"包中存放客户端 Java 源文件，"server"包中存放服务器端 Java 源文件。其次，还有一个名称为"index.html"的 HTML5 网页客户端文件。此外，"lib"子目录依旧用于存放 Netty 开发包，"target"子目录用于存放生成的.class 二进制文件。

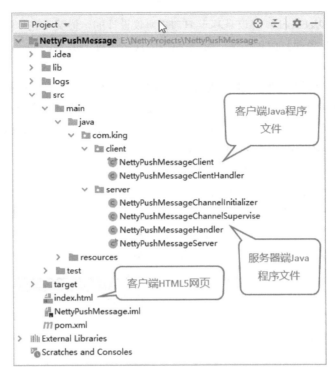

图 10.1　Netty 消息推送系统工程架构目录

10.3　Netty 消息推送系统服务器端开发

基于 Netty 构建的消息推送系统应用程序仍旧借助了 WebSocket 协议的支持。其中，实现服务器端应用程序的主要代码说明如下。

10.3.1　服务器端 Server 主入口类

消息推送系统服务器端的 Server 主入口类定义了 main() 方法，包含了 boss 主线程和 worker 工作线程，具体代码如下。

【代码10-1】

（详见源代码 NettyPushMessage\src\...\server\NettyPushMessageServer.java 文件）

```
01  package com.king.server;
02  import io.netty.bootstrap.ServerBootstrap;
```

```
03  import io.netty.channel.Channel;
04  import io.netty.channel.nio.NioEventLoopGroup;
05  import io.netty.channel.socket.nio.NioServerSocketChannel;
06  import org.apache.log4j.Logger;
07  /**
08   * Netty Push Message Server
09   */
10  public class NettyPushMessageServer {
11      // TODO: define logger
12      private final Logger logger = Logger.getLogger(this.getClass());
13      /**
14       * init
15       */
16      private void init() {
17          logger.info("Now is starting WebSocket Server...");
18          /**
19           * { bossGroup, workerGroup } thread
20           */
21          NioEventLoopGroup bossGroup = new NioEventLoopGroup();
22          NioEventLoopGroup workerGroup = new NioEventLoopGroup();
23          try {
24              ServerBootstrap bootstrap = new ServerBootstrap();
25              bootstrap.group(bossGroup, workerGroup);
26              bootstrap.channel(NioServerSocketChannel.class);
27              bootstrap.childHandler(new
NettyPushMessageChannelInitializer());
28              Channel channel = bootstrap.bind(8086).sync().channel();
29              logger.info("WebSocket server starts successfully: " + channel);
30              channel.closeFuture().sync();
31          } catch (InterruptedException e) {
32              e.printStackTrace();
33              logger.info("Runtime error: " + e);
34          } finally {
35              bossGroup.shutdownGracefully();
36              workerGroup.shutdownGracefully();
37              logger.info("WebSocket server is closed.");
38          }
39      }
40      /**
41       * main entry
```

```
42      * @param args
43      */
44     public static void main( String[] args ) {
45         System.out.println("NettyPushMessageServer: init");
46         new NettyPushMessageServer().init();
47     }
48 }
```

关于【代码10-1】的说明如下：

- 第02~06行代码中，通过import指令引入了消息推送系统服务器端NettyPushMessageServer主入口类所需要的Netty框架核心模块。
- 第10行代码定义了响应服务器端NettyPushMessageServer主入口类。
- 第16~39行代码定义了NettyPushMessageServer主入口类的init()方法，具体内容如下：
  - 第21~22行代码定义了一组NioEventLoopGroup对象（bossGroup和workerGroup）。其中，第21行代码定义的bossGroup对象用于创建主线程、处理客户端的连接；第22行代码定义的workerGroup对象用于创建工作线程、处理连接后的I/O读写请求的交互工作。
  - 第24行代码定义了一个ServerBootstrap对象（bootstrap），ServerBootstrap是一个启动NIO服务的辅助工具类，核心功能就是用于服务器初始化及服务器通道的一系列配置。
  - 第25行代码通过bootstrap对象调用group()方法，将bossGroup主线程和workerGroup工作线程绑定到ServerBootstrap启动类上。
  - 第26行代码继续调用channel()方法指定NIO模式（NioServerSocketChannel）。
  - 第27行代码继续调用childHandler()方法处理工作线程（workerGroup）绑定的子处理器（NettyPushMessageChannelInitializer子处理器类，在后文中进行具体介绍）。
  - 第28行代码定义了一个Channel对象（channel），通过bind()方法绑定端口（8086），并通过sync()方法定义启动方式为同步方式。
  - 第30行代码通过channel对象调用closeFuture()方法关闭了监听的Channel（通道），并设置为同步方式。
  - 第35~36行代码中，通过调用shutdownGracefully()方法退出线程组（bossGroup主线程和workerGroup工作线程）。
- 第44~47行代码定义了NettyWebSocketServer主入口类的main()方法，其中第46行代码通过NettyPushMessageServer类调用了第16~39行代码定义的init()方法，执行主入口类的初始化启动操作。

10.3.2 服务器端 Server 子处理器类

消息推送系统服务器端的 Server 子处理器类是 Server 主入口类的辅助类,具体的工作就是对 worker 工作线程进行功能扩展,请看如下代码。

【代码10-2】

(详见源代码 NettyPushMessage\src\...\server\NettyPushMessageChannelInitializer.java 文件)

```
01  package com.king.server;
02  import io.netty.channel.ChannelInitializer;
03  import io.netty.channel.socket.SocketChannel;
04  import io.netty.handler.codec.http.HttpObjectAggregator;
05  import io.netty.handler.codec.http.HttpServerCodec;
06  import io.netty.handler.logging.LoggingHandler;
07  import io.netty.handler.stream.ChunkedWriteHandler;
08  /**
09   * Netty Push Message ChannelInitializer
10   */
11  public class NettyPushMessageChannelInitializer
12    extends ChannelInitializer<SocketChannel> {
13    /**
14     * init Channel
15     * @param ch
16     */
17    @Override
18    protected void initChannel(SocketChannel ch) {
19      // TODO: 设置 log 监听器,并且日志级别为 debug,方便观察运行流程
20      ch.pipeline().addLast("logging", new LoggingHandler("DEBUG"));
21      // TODO: 设置编解码器
22      ch.pipeline().addLast("http-codec", new HttpServerCodec());
23      // TODO: 设置聚合器
24      ch.pipeline().addLast("aggregator", new HttpObjectAggregator(65536));
25      // TODO: 用于大数据流的分区传输
26      ch.pipeline().addLast("http-chunked", new ChunkedWriteHandler());
27      //TODO: 自定义业务 handler
28      ch.pipeline().addLast("handler", new NettyPushMessageHandler());
29    }
30  }
```

关于【代码 10-2】的说明如下：

- 第 02~07 行代码中，通过 import 指令引入了消息推送系统服务器端 NettyPushMessageChannelInitializer 子处理器类所需要的 Netty 框架核心模块。
- 第 11~12 行代码定义了消息推送系统服务器端 NettyPushMessageChannelInitializer 子处理器类，该类继承自 ChannelInitializer 接口。
- 第 18~29 行代码重写了 ChannelInitializer 接口定义的 initChannel() 方法，该方法定义了一个 SocketChannel 类型的参数，具体内容如下：
  - 第 22 行代码通过调用 addLast() 方法，指定了服务端所用的编解码器为 HttpServerCodec。因为 WebSocket 基于 HTTP 协议，因此要用 HTTP 的编解码器。
  - 第 24 行代码继续通过调用 addLast() 方法，添加了针对数据聚合的支持。因为服务器端通常接收到的是一个一个的数据片段，如果想一次完整地接收请求的所有数据，就需要绑定 HttpObjectAggregator 接口，这样收到的就是一个完整的请求信息。
  - 第 26 行代码继续通过调用 addLast() 方法，添加了针对写大数据流的分区传输。
  - 第 28 行代码再次通过调用 addLast() 方法，指定了自定义的 handler 处理类（下面进行介绍）。

10.3.3　服务器端 Handler 辅助类

消息推送系统服务器端的 handler 类也是针对 Server 主入口类的辅助类，同样是对 worker 工作线程的功能扩展，请看如下代码。

【代码10-3】

（详见源代码 NettyPushMessage\src\...\server\NettyPushMessageHandler.java 文件）

```
01  package com.king.server;
02  import io.netty.buffer.ByteBuf;
03  import io.netty.buffer.Unpooled;
04  import io.netty.channel.*;
05  import io.netty.handler.codec.http.DefaultFullHttpResponse;
06  import io.netty.handler.codec.http.FullHttpRequest;
07  import io.netty.handler.codec.http.HttpResponseStatus;
08  import io.netty.handler.codec.http.HttpVersion;
09  import io.netty.handler.codec.http.websocketx.*;
10  import io.netty.util.CharsetUtil;
11  import org.apache.log4j.Logger;
12  import java.util.Date;
13  import static io.netty.handler.codec.http.HttpUtil.isKeepAlive;
```

```java
14  /**
15   * Netty Push Message Server Handler
16   */
17  public class NettyPushMessageHandler extends
    SimpleChannelInboundHandler<Object> {
18      // TODO: define logger
19      private final Logger logger=Logger.getLogger(this.getClass());
20      // TODO: WebSocket Handshaker
21      private WebSocketServerHandshaker handShaker;
22      /**
23       * channelRead0
24       * @param ctx
25       * @param msg
26       * @throws Exception
27       */
28      @Override
29      protected void channelRead0(
30          ChannelHandlerContext ctx, Object msg) throws Exception {
31          logger.debug("Received message: " + msg);
32          if(msg instanceof FullHttpRequest) {
33              // TODO: 以 http 请求形式接入，实际使用 WebSocket 方式
34              handleHttpRequest(ctx, (FullHttpRequest) msg);
35          } else if(msg instanceof WebSocketFrame) {
36              // TODO: 处理 WebSocket 客户端消息
37              handlerWebSocketFrame(ctx, (WebSocketFrame) msg);
38          } else {}
39      }
40      /**
41       * channelActive
42       * @param ctx
43       * @throws Exception
44       */
45      @Override
46      public void channelActive(ChannelHandlerContext ctx) throws Exception
        {
47          // TODO: 添加连接
48          logger.debug("Client join in connection: " + ctx.channel());
49          NettyPushMessageChannelSupervise.addChannel(ctx.channel());
50      }
51      @Override
```

```java
52  public void channelInactive(ChannelHandlerContext ctx) throws Exception {
53      // TODO: 断开连接
54      logger.debug("Client shuts connection: " + ctx.channel());
55      NettyPushMessageChannelSupervise.removeChannel(ctx.channel());
56  }
57  /**
58   * channelReadComplete
59   * @param ctx
60   * @throws Exception
61   */
62  @Override
63  public void channelReadComplete(ChannelHandlerContext ctx) throws Exception {
64      ctx.flush();
65  }
66  /**
67   * handlerWebSocketFrame
68   * @param ctx
69   * @param frame
70   */
71  private void handlerWebSocketFrame(
72          ChannelHandlerContext ctx, WebSocketFrame frame) {
73      // TODO: 判断是否关闭链路的指令
74      if (frame instanceof CloseWebSocketFrame) {
75          handShaker.close(ctx.channel(), (CloseWebSocketFrame)
76              frame.retain());
76          return;
77      }
78      // TODO: 判断是否ping消息
79      if (frame instanceof PingWebSocketFrame) {
80          ctx.channel().write(
81              new PongWebSocketFrame(frame.content().retain()));
82          return;
83      }
84      // TODO: 本例程仅支持文本消息，不支持二进制消息
85      if (!(frame instanceof TextWebSocketFrame)) {
86          logger.debug(
87              "Supports text message only, does not support binary message.");
88          throw new UnsupportedOperationException(String.format(
```

```
89                      "%s frame types not supported",
                        frame.getClass().getName()));
90          }
91          // TODO: 返回应答消息
92          String request = ((TextWebSocketFrame) frame).text();
93          logger.debug("Server received: " + request);
94          TextWebSocketFrame tws = new TextWebSocketFrame(
95              "client id(" + ctx.channel().id() + ") "
96              + request
97              +", server pushes at "
98              + new Date().toString() + ".");
99          // TODO: 群发消息
100          NettyPushMessageChannelSupervise.sendToAll(tws);
101      }
102      /**
103       * handleHttpRequest
104       * 唯一的一次http请求,用于创建WebSocket
105       * @param ctx
106       * @param req
107       */
108      private void handleHttpRequest(ChannelHandlerContext ctx,
    FullHttpRequest req) {
109          // TODO: Upgrade为WebSocket方式,过滤掉get/Post
110          if (!req.decoderResult().isSuccess()
111              ||(!"websocket".equals(req.headers().get("Upgrade")))) {
112              // TODO: 若不是WebSocket方式,则将req(BAD_REQUEST)返回给客户端
113              sendHttpResponse(ctx, req, new DefaultFullHttpResponse(
114                  HttpVersion.HTTP_1_1, HttpResponseStatus.BAD_REQUEST));
115              return;
116          }
117          WebSocketServerHandshakerFactory wsFactory =
118              new WebSocketServerHandshakerFactory(
119                  "ws://localhost:8086/pushmsg", null, false);
120          handShaker = wsFactory.newHandshaker(req);
121          if (handShaker == null) {
122              WebSocketServerHandshakerFactory.sendUnsupportedVersionResponse(
123                  ctx.channel()
124              );
125          } else {
```

```
126                handShaker.handshake(ctx.channel(), req);
127        }
128    }
129    /**
130     * sendHttpResponse
131     * 拒绝不合法的请求,并返回错误信息
132     * @param ctx
133     * @param req
134     * @param res
135     */
136    private static void sendHttpResponse(
137        ChannelHandlerContext ctx,
138        FullHttpRequest req,
139        DefaultFullHttpResponse res) {
140        // TODO:返回应答给客户端
141        if (res.status().code() != 200) {
142            ByteBuf buf = Unpooled.copiedBuffer(res.status().toString(),
143                CharsetUtil.UTF_8);
144            res.content().writeBytes(buf);
145            buf.release();
146        }
147        ChannelFuture f = ctx.channel().writeAndFlush(res);
148        // TODO:如果是非 Keep-Alive 则关闭连接
149        if (!isKeepAlive(req) || res.status().code() != 200) {
150            f.addListener(ChannelFutureListener.CLOSE);
151        }
152    }
153 }
```

关于【代码 10-3】的说明如下：

- 第 02~13 行代码中，通过 import 指令引入了消息推送系统服务器端 NettyPushMessageHandler 辅助类所需要的 Netty 框架核心模块。
- 第 17 行代码定义了消息推送系统服务器端 NettyPushMessageHandler 子处理器类，该类继承自 SimpleChannelInboundHandler 接口。
- 第 21 行代码定义了一个 WebSocketServerHandshaker 类对象（handShaker），用于保存基于 WebSocket 协议的客户端连接。
- 第 29~39 行代码重写了 SimpleChannelInboundHandler 接口定义的 channelRead0() 方法，该方法定义了一个 ChannelHandlerContext 类型参数（ctx）和一个 Object 类型参数（msg）。在该方法内部，主要通过调用 handlerWebSocketFrame() 方法处理基于 WebSocket 协议的客

户端消息。

- 第71~101行代码是handlerWebSocketFrame()方法具体实现过程,其中第100行代码通过NettyPushMessageChannelSupervise类调用sendToAll()方法实现了消息推送(向客户端群发)的功能。关于NettyPushMessageChannelSupervise类的内容请看后文。

10.3.4　服务器端 Channel 辅助类

消息推送系统服务器端的Channel辅助类是针对handler辅助类的扩展,也是对worker工作线程的功能扩展,请看如下代码。

【代码10-4】

(详见源代码 NettyPushMessage\src\...\server\NettyPushMessageChannelSupervise.java 文件)

```java
01 package com.king.server;
02 import io.netty.channel.Channel;
03 import io.netty.channel.ChannelId;
04 import io.netty.channel.group.ChannelGroup;
05 import io.netty.channel.group.DefaultChannelGroup;
06 import io.netty.handler.codec.http.websocketx.TextWebSocketFrame;
07 import io.netty.util.concurrent.GlobalEventExecutor;
08 import java.util.concurrent.ConcurrentHashMap;
09 import java.util.concurrent.ConcurrentMap;
10 /**
11  * Netty Push Message ChannelSupervise
12  */
13 public class NettyPushMessageChannelSupervise {
14     private static ChannelGroup GlobalGroup =
15         new DefaultChannelGroup(GlobalEventExecutor.INSTANCE);
16     private static ConcurrentMap<String, ChannelId> ChannelMap =
17         new ConcurrentHashMap();
18     public static void addChannel(Channel channel) {
19         GlobalGroup.add(channel);
20         ChannelMap.put(channel.id().asShortText(), channel.id());
21     }
22     public static void removeChannel(Channel channel) {
23         GlobalGroup.remove(channel);
24         ChannelMap.remove(channel.id().asShortText());
25     }
26     public static Channel findChannel(String id) {
```

```
27          return GlobalGroup.find(ChannelMap.get(id));
28      }
29      public static void sendToAll(TextWebSocketFrame tws) {
30          GlobalGroup.writeAndFlush(tws);
31      }
32  }
```

关于【代码 10-4】的说明如下：

- 第 14 行代码中，通过 ChannelGroup 接口定义了一个 DefaultChannelGroup 对象（GlobalGroup）。
- 第 29~31 行代码中，通过 GlobalGroup 对象调用 writeAndFlush() 方法实现了向客户端回写消息，注意这里实现的是群发消息功能。

10.4 Netty 消息推送系统客户端开发

基于 Netty 构建的消息推送系统客户端包含有两类，一类是基于 Netty 构建的、用于通过服务器推送消息的客户端；另一类是用于测试的 HTML5 网页客户端。

10.4.1 基于 Netty 构建客户端的实现

基于 Netty 构建的消息推送系统客户端，主要用于通过服务器推送消息给网页客户端，具体代码如下。

【代码10-5】（详见源代码NettyPushMessage\src\...\client\NettyPushMessageClient.java文件）

```
01  package com.king.client;
02  import io.netty.bootstrap.Bootstrap;
03  import io.netty.buffer.Unpooled;
04  import io.netty.channel.Channel;
05  import io.netty.channel.ChannelInitializer;
06  import io.netty.channel.ChannelPipeline;
07  import io.netty.channel.EventLoopGroup;
08  import io.netty.channel.nio.NioEventLoopGroup;
09  import io.netty.channel.socket.SocketChannel;
10  import io.netty.channel.socket.nio.NioSocketChannel;
11  import io.netty.handler.codec.http.DefaultHttpHeaders;
12  import io.netty.handler.codec.http.HttpClientCodec;
```

```java
13  import io.netty.handler.codec.http.HttpObjectAggregator;
14  import io.netty.handler.codec.http.websocketx.CloseWebSocketFrame;
15  import io.netty.handler.codec.http.websocketx.PingWebSocketFrame;
16  import io.netty.handler.codec.http.websocketx.TextWebSocketFrame;
17  import io.netty.handler.codec.http.websocketx.
    WebSocketClientHandshakerFactory;
18  import io.netty.handler.codec.http.websocketx.WebSocketFrame;
19  import io.netty.handler.codec.http.websocketx.WebSocketVersion;
20  import io.netty.handler.codec.http.compression.
    WebSocketClientCompressionHandler;
21  import io.netty.handler.ssl.SslContext;
22  import io.netty.handler.ssl.SslContextBuilder;
23  import io.netty.handler.ssl.util.InsecureTrustManagerFactory;
24  import java.io.BufferedReader;
25  import java.io.InputStreamReader;
26  import java.net.URI;
27  /**
28   * Netty Push Message Client
29   */
30  public final class NettyPushMessageClient {
31      // TODO: define URL
32      static final String URL = System.getProperty("url",
        "ws://127.0.0.1:8086/pushmsg");
33      /**
34       * main entry
35       * @param args
36       * @throws Exception
37       */
38      public static void main(String[] args) throws Exception {
39          URI uri = new URI(URL);
40          String scheme = uri.getScheme() == null? "ws" : uri.getScheme();
41          final String host = uri.getHost() == null? "127.0.0.1" : uri.getHost();
42          final int port;
43          if (uri.getPort() == -1) {
44              if ("ws".equalsIgnoreCase(scheme)) {
45                  port = 80;
46              } else if ("wss".equalsIgnoreCase(scheme)) {
47                  port = 443;
48              } else {
49                  port = -1;
```

```
50              }
51          } else {
52              port = uri.getPort();
53          }
54          if (!"ws".equalsIgnoreCase(scheme)
                && !"wss".equalsIgnoreCase(scheme)) {
55              System.err.println("Only WS(S) is supported.");
56              return;
57          }
58          final boolean ssl = "wss".equalsIgnoreCase(scheme);
59          final SslContext sslCtx;
60          if (ssl) {
61              sslCtx = SslContextBuilder.forClient()
62                      .trustManager(InsecureTrustManagerFactory.INSTANCE).
                        build();
63          } else {
64              sslCtx = null;
65          }
66          EventLoopGroup group = new NioEventLoopGroup();
67          try {
68              final NettyPushMessageClientHandler handler =
69                      new NettyPushMessageClientHandler(
70                      WebSocketClientHandshakerFactory.newHandshaker(
71                      uri, WebSocketVersion.V13, null, true, new
                        DefaultHttpHeaders()));
72              Bootstrap b = new Bootstrap();
73              b.group(group)
74                      .channel(NioSocketChannel.class)
75                      .handler(new ChannelInitializer<SocketChannel>() {
76                          @Override
77                          protected void initChannel(SocketChannel ch) {
78                              ChannelPipeline p = ch.pipeline();
79                              if (sslCtx != null) {
80                                  p.addLast(sslCtx.newHandler(ch.alloc(), host,
                                    port));
81                              }
82                              p.addLast(
83                                      new HttpClientCodec(),
84                                      new HttpObjectAggregator(8192),
85                                      WebSocketClientCompressionHandler.
```

第 10 章　项目实战：基于 Netty 构建消息推送系统 | 223

```
86                             INSTANCE,
87                             handler);
88                     }
89                 });
            Channel ch = b.connect(uri.getHost(), port).sync().channel();
90          handler.handshakeFuture().sync();
91      BufferedReader console = new BufferedReader(new
        InputStreamReader(System.in));
92          while (true) {
93              String msg = console.readLine();
94              if (msg == null) {
95                  break;
96              } else if ("bye".equals(msg.toLowerCase())) {
97                  ch.writeAndFlush(new CloseWebSocketFrame());
98                  ch.closeFuture().sync();
99                  break;
100             } else if ("ping".equals(msg.toLowerCase())) {
101                 WebSocketFrame frame = new PingWebSocketFrame(
102                   Unpooled.wrappedBuffer(new byte[] { 8, 1, 8, 1 }));
103                 ch.writeAndFlush(frame);
104             } else {
105                 WebSocketFrame frame = new TextWebSocketFrame(msg);
106                 ch.writeAndFlush(frame);
107             }
108         }
109     } finally {
110         group.shutdownGracefully();
111     }
112   }
113 }
```

关于【代码 10-5】的说明如下：

- 第 32 行代码中，定义了基于 WebSocket 协议访问服务器端的路径地址（ws://127.0.0.1:8086/pushmsg）。
- 第 91~108 行代码中，通过 InputStreamReader 类获取了客户端控制台的输入消息，然后通过 writeAndFlush() 方法发送给服务器端。

下面是基于 Netty 构建的消息推送系统客户端的 handler 处理类，主要用于处理服务器发给客户端的数据信息，具体代码如下。

【代码10-6】

(详见源代码 NettyPushMessage\src\...\client\NettyPushMessageClientHandler.java 文件)

```java
01 package com.king.client;
02 import io.netty.channel.Channel;
03 import io.netty.channel.ChannelFuture;
04 import io.netty.channel.ChannelHandlerContext;
05 import io.netty.channel.ChannelPromise;
06 import io.netty.channel.SimpleChannelInboundHandler;
07 import io.netty.handler.codec.http.FullHttpResponse;
08 import io.netty.handler.codec.http.websocketx.CloseWebSocketFrame;
09 import io.netty.handler.codec.http.websocketx.PongWebSocketFrame;
10 import io.netty.handler.codec.http.websocketx.TextWebSocketFrame;
11 import io.netty.handler.codec.http.websocketx.WebSocketClientHandshaker;
12 import io.netty.handler.codec.http.websocketx.WebSocketFrame;
13 import io.netty.handler.codec.http.websocketx.WebSocketHandshakeException;
14 import io.netty.util.CharsetUtil;
15 /**
16  * Netty Push Message Client Handler
17  */
18 public class NettyPushMessageClientHandler
19     extends SimpleChannelInboundHandler<Object> {
20     private final WebSocketClientHandshaker handShaker;
21     private ChannelPromise handShakeFuture;
22     public NettyPushMessageClientHandler(WebSocketClientHandshaker handShaker) {
23         this.handShaker = handShaker;
24     }
25     public ChannelFuture handshakeFuture() {
26         return handShakeFuture;
27     }
28     @Override
29     public void handlerAdded(ChannelHandlerContext ctx) {
30         handShakeFuture = ctx.newPromise();
31     }
32     @Override
33     public void channelActive(ChannelHandlerContext ctx) {
34         handShaker.handshake(ctx.channel());
35     }
```

```java
36      @Override
37      public void channelInactive(ChannelHandlerContext ctx) {
38          System.out.println("WebSocket Client disconnected!");
39      }
40      @Override
41      public void channelRead0(ChannelHandlerContext ctx, Object msg) throws Exception {
42          Channel ch = ctx.channel();
43          if (!handShaker.isHandshakeComplete()) {
44              try {
45                  handShaker.finishHandshake(ch, (FullHttpResponse) msg);
46                  System.out.println("WebSocket Client connected!");
47                  handShakeFuture.setSuccess();
48              } catch (WebSocketHandshakeException e) {
49                  System.out.println("WebSocket Client failed to connect");
50                  handShakeFuture.setFailure(e);
51              }
52              return;
53          }
54          if (msg instanceof FullHttpResponse) {
55              FullHttpResponse response = (FullHttpResponse) msg;
56              throw new IllegalStateException(
57                      "Unexpected FullHttpResponse (getStatus=" + response.status() +
58                      ", content=" + response.content().toString(CharsetUtil.UTF_8) + ')');
59          }
60          WebSocketFrame frame = (WebSocketFrame) msg;
61          if (frame instanceof TextWebSocketFrame) {
62              TextWebSocketFrame textFrame = (TextWebSocketFrame) frame;
63              System.out.println("WebSocket Client received message: " + textFrame.text());
64          } else if (frame instanceof PongWebSocketFrame) {
65              System.out.println("WebSocket Client received pong");
66          } else if (frame instanceof CloseWebSocketFrame) {
67              System.out.println("WebSocket Client received closing");
68              ch.close();
69          }
70      }
71      @Override
```

```
72    public void exceptionCaught(ChannelHandlerContext ctx, Throwable cause)
{
73        cause.printStackTrace();
74        if (!handShakeFuture.isDone()) {
75            handShakeFuture.setFailure(cause);
76        }
77        ctx.close();
78    }
79 }
```

关于【代码 10-6】的说明如下:

- 第 41~70 行代码中,重写了 SimpleChannelInboundHandler 类的 channelRead0() 方法。其中,第 62~63 行代码获取了服务器端发来的数据信息,并输出到控制台终端进行显示。

10.4.2 基于 WebSocket 的 HTML5 客户端网页

该客户端通过一个 HTML5 网页实现,基于 HTML5 对于 WebSocket 协议的支持,主要用于测试接收服务器端发向全部客户端的推送消息。

【代码10-7】（详见源代码NettyPushMessage\index.html文件）

```
01 <!DOCTYPE html>
02 <html lang="en">
03 <head>
04     <meta http-equiv="content-type" content="text/html; charset=utf-8" />
05     <title>Netty Push Message Browser Client</title>
06 </head>
07 <body onload="initWebSocket();">
08 <script type="text/javascript">
09     // TODO: define WebSocket object
10     var ws;
11     /**
12      * init Websocket
13      */
14     function initWebSocket() {
15         if("WebSocket" in window) {
16             console.log("Your browser supports WebSocket!");
17             // TODO: open a web socket
18             ws = new WebSocket("ws://localhost:8086/pushmsg");
19             ws.onopen = function() {
```

```
20              // TODO: Web Socket has established, send data to server
21              console.log("Send data to server...");
22              ws.send("opens server");
23          };
24          ws.onmessage = function(ev) {
25              var received_msg = ev.data;
26              console.log("Data has been received...");
27              let divRespText = document.getElementById("id-span-respText");
28              divRespText.innerHTML += received_msg + "<br>";
29          };
30          ws.onclose = function() {
31              // TODO: close websocket
32              console.log("Connect is closed...");
33          };
34      } else {
35          // TODO: Your browser does not support WebSocket
36          console.log("Your browser does not support WebSocket!");
37      }
38  }
39  /**
40   * send message to WebSocket server
41   * @param msg
42   */
43  function send(msg){
44      if(!window.WebSocket) {
45          return;
46      }
47      if(ws.readyState == WebSocket.OPEN) {
48          ws.send(msg);
49      } else {
50          console.log("WebSocket connect does not establish!");
51      }
52  }
53  </script>
54  <div class="divCenter">
55      <h3>基于 Netty 构建消息推送系统</h3>
56      <form>
57          <span class="spanLeft">服务器推送消息:</span>
58          <span class="spanLeft" id="id-span-respText"></span>
```

```
59        </form>
60     </div>
61   </body>
62 </html>
```

关于【代码 10-7】的说明如下：

- 第15行代码定义的if条件语句，用于判断当前浏览器是否支持WebSocket协议。目前主浏览器实现了HTML5的WebSocket协议功能。
- 第18行代码中，通过new关键字打开了一个WebSocket，注意绑定的地址路径与服务器端定义的一致（ws://localhost:8086/pushmsg）。
- 第19~23行代码中，定义了当WebSocket的连接状态（readyState）打开时（变为"OPEN"）的回调方法，这表明当前连接已经准备好发送和接收数据了。
- 第24~29行代码中，定义了当WebSocket的连接状态（readyState）为接收服务器返回数据时的回调方法。其中，第25行代码通过event对象的data参数，获取了服务器端推送的消息。然后，第27~28行代码将推送消息显示在浏览器客户端页面中。
- 第30~33行代码中，定义了当WebSocket的连接状态（readyState）关闭时（变为"CLOSED"）的回调方法。

10.5 测试运行 Netty 应用程序

本节使用 IntelliJ IDEA 开发工具平台测试运行 NettyPushMessage 消息推送系统应用程序。

（1）在主菜单中通过运行（Run）菜单中的"Run"命令运行 NettyPushMessageServer.java 主入口类文件，此时运行窗口中会有相应的信息提示，如图 10.2 所示。

运行窗口中输出的调试信息证明 NettyPushMessage 服务器端已经正确运行了。

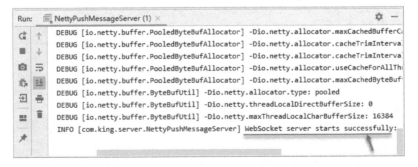

图 10.2　测试运行 NettyPushMessage 服务器端程序（一）

第 10 章 项目实战：基于 Netty 构建消息推送系统 | 229

（2）多打开几个浏览器来充当客户端，在浏览器中运行【代码 10-7】定义的客户端 HTML5 页面，打开 WebSocket 服务器路径（ws://localhost:8086/pushmsg），如图 10.3 所示。

图 10.3　测试运行 NettyPushMessage 浏览器客户端页面（一）

浏览器客户端运行后，依次收到了来自服务器端推送的、包含客户端 id 和连接时间的消息。与此同时，服务器端的运行窗口所输出的调试信息也有了变化。

（3）再运行【代码 10-5】定义的 Netty 客户端应用程序，该客户端用于通过服务器端向全部浏览器客户端发送推送消息，具体如图 10.4 所示。

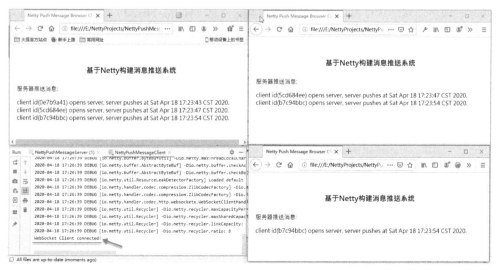

图 10.4　测试运行 NettyPushMessage 客户端程序

Netty 客户端应用程序已经成功运行了。然后，在该客户端的运行窗口输入推送消息（Hello, Netty!），如图 10.5 所示。

图 10.5　测试运行 NettyPushMessage 浏览器客户端页面（二）

参考图 10.5 所示的标识与箭头，Netty 客户端在运行窗口发出推送消息（Hello, Netty!）后，全部浏览器客户端都收到了该条推送消息及其发送时间的信息。

（4）再返回服务器端的运行窗口查看一下，看看运行输出的调试信息会有什么变化，如图 10.6 所示。服务器端的运行窗口中可以监测到推送消息（Hello, Netty!）经过服务器的相关日志信息。

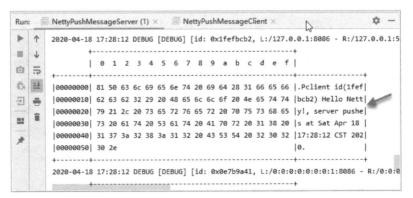

图 10.6　测试运行 NettyPushMessage 服务器端程序（二）

10.6 小结

本章介绍了如何借助 WebSocket 协议构建一个基于 Netty 的消息推送系统应用程序,内容包括消息推送系统 Netty 服务器端的开发过程、Netty 客户端的开发过程,以及 HTML5 网页客户端的开发过程。